今晚七点半，我家的游戏是数学（II）

曲少云◎著　猫　太◎绘

電子工業出版社
Publishing House of Electronics Industry
北京·BEIJING

图书在版编目（C I P）数据

今晚七点半，我家的游戏是数学. 二级 / 曲少云著；猫太绘. —北京 ： 电子工业出版社，2015.10
ISBN 978-7-121-26746-8

Ⅰ. ①今… Ⅱ. ①曲… ②猫… Ⅲ. ①数学—儿童读物 Ⅳ. ①01-49

中国版本图书馆 CIP 数据核字(2015)第 166731 号

出版统筹：李朝晖
责任编辑：潘　炜
文字编辑：胡丁玲
营销编辑：王　丹
责任校对：杜　皎
印　　刷：北京捷迅佳彩印刷有限公司
装　　订：北京捷迅佳彩印刷有限公司
出版发行：电子工业出版社
北京市海淀区万寿路 173 信箱　　邮编：100036
开　　本：880×1230　1/16　　印张：5.5　　字数：70 千字
版　　次：2015 年 10 月第 1 版
印　　次：2018 年 7 月第 12 次印刷
定　　价：30.00 元

凡所购买电子工业出版社图书有缺损问题，请向书店调换。若书店售缺，请与本社发行部联系，联系及邮购电话：（010）88254888.
质量投诉请发邮件至 zlts@phei.com.cn，盗版侵权举报请发邮件至 dbqq@phei.com.cn。
服务热线：（010）88258888

在游戏中激发孩子的数学脑

3-6 岁是儿童形成数学思维的最佳黄金期，孩子一旦在这个阶段养成数学脑，他们今后在数学算法和数学建模能力上将有突出表现，这个道理多数父母似乎都懂。

但是，如果把程式化、规则化的正式数学教育施加给儿童，他们就很容易产生畏惧心理，并最终失去学习兴趣。所以，儿童数学脑的养成需要有针对于儿童心理发育特征的教育技巧，正像蒙台梭利所说“游戏就是儿童的工作”，儿童在生活中、在不规则中、在游戏中学习数学才会有神奇的效果。因此，家长有针对性地培养孩子的数学能力，需要时时留心、处处留意为儿童提供一个亲密亲子关系的陪伴环境，并精心参与其中。

本系列书共 4 册，通过每册设计 7 个游戏场景、63 个数学游戏，分别从数与数的计算、量与量的计算、图形识别与图形规律，以及数学在生活中的综合应用 7 个方面全面开发儿童数学思维。书中还独创性地将儿童的生物认知周期有效融入，不仅可以让儿童形成时间观念，还可以让家长远离电视，亲近孩子，创设一种家长陪伴孩子有的玩、玩中学的书香家庭氛围。

本书的创作是伴随着我们全家在数学游戏中的点滴积累而成。作为一名长期从事数学教育工作的妈妈，我和孩子的爸爸在家中想尽创意为孩子设计各种数学游戏，还让孩子和爸爸在数学游戏中比“酷”。这不仅培养了孩子的数学能力和数学思维，也提高了孩子的语言表达和生活能力。得益于此，孩子多次在青少年创新大赛中斩获殊荣，并获得国际机器人公开赛最佳技术奖。

每晚七点半夜幕降临的时候，是宝贵的亲子时光，守在自己的小屋，从打开这本小书开始，通过数学游戏开启孩子未来一生的金色航向吧！

曲少云

曲少云微信公众平台：曲少云

在游戏中开启孩子的数学智慧

人类天生就是伟大的学习者，大多数家长面对教育的症结是，总以成人的标准看待和安排孩子的学习。要知道，就像幼狮在格斗游戏中学习格斗一样，儿童尤其是学龄前儿童的学习，往往是隐藏于其生存本能中的。儿童往往对能够引发自身兴趣的各种事物情有独钟，那么，创造学习型的游戏就成为儿童教育研究的头等大事。

本书在以下几方面做了有益的尝试：

● 这里有儿童熟悉的游戏全景

越是熟悉的场景，越能让儿童发自内心地接纳。在儿童的生活背景中分类、分析并做出结论，是最有效的“学习”。

书中的每一个游戏都设置在儿童喜欢的地方：游乐场、动物园、植物园……场景里面有些什么，哪些和孩子一起玩过，哪些是孩子喜欢的……家长可以由此入手，和孩子一起完成题目中的游戏。如果做完书中的游戏后能去对应的场景游玩，还可以鼓励孩子发现其中的数学问题，和孩子一起想想解决这些问题都有哪些办法。

● 这里为儿童提供了最佳的数学学习方式

儿童的大脑思维进程和情绪有关，和创造性、记忆等的发展既相互独立，又相互作用。就如丛林在适合的雨水、气温、阳光的多通道相互作用下可以茁壮发展一样，如果提供给儿童大脑活动的信息是丰富而愉悦的，那这种学习就是积极的、高效的。

游戏是满足儿童多通道活动的代表。通过带入鼓励儿童胜任的话语，书中提供的每一个数学游戏成为了给予儿童相应知识、能力和经验的最佳方式。只要参与到书中的游戏当中，每个孩子都可以通过努力一跃成为数学达人。

● 这里有激发儿童数学潜能的游戏设计

要满足儿童好奇的天性，就要让他们在花样翻新的题目中产生好奇，从而自发地寻找答案，激发大脑学习力。

书中的游戏避免了同类图书线性的、结构式的题目设计（研究证明，这些方式严重抑制大脑学习能力），而是按照数学知识的不同维度巧妙设计，穿插编排，通过彩色的游戏背景、黑白的游戏主题之间的对比，突出游戏主旨，使看似毫无规律的游戏最大限度满足儿童好奇心，从而集中儿童注意力，激发其数学潜能。儿童会像喜欢绘本故事一样喜欢这独一无二、惊喜连连的数学益智书。

● 这里的游戏遵循儿童的认知周期

人的生物认知周期为 7 天，受此影响的不仅包括情绪、身体发育，还包括学习习惯和对事物的记忆等多个方面。

书中的游戏遵循上述儿童心理发展规律：周一，数字；周二，数字的计算；周三，量的知识；周四，量的计算；周五，图形；周六，图形的计算；周日，实践应用。在更大的时间范围内，难度则循序渐进，真正做到与儿童认知周期完美融合。每个儿童经过这种学习型游戏的训练，在 7 天的认知周期安排下，都会逐渐养成良好的学习习惯，温故知新，全面提升数学能力。

我们相信，如果养育在一个支持性的、智慧刺激的环境中，一个平凡的孩子，也能取得全方位的成功！

目录

2 C 游戏

根据儿童的智力发展特点，在 2A 数学游戏阶段，爸爸妈妈应引导孩子进一步掌握 10 以内数字的特征，了解奇数和偶数；熟悉时间的整点，接触日期、半点和更短的时间表示；熟悉简单的长度、货币含义；学习口头描述和动手绘制基本图形。

就学习重点而言，这一阶段的重点在于引导孩子认识 10 以内的奇数、偶数，动手绘制基本图形。在掌握这些知识的过程中，孩子的认知能力、动手能力都将得到较大的提升。

熟悉数学中基本的符号表达，在多通道数学游戏中专注而准确地按要求分析、解决问题，是本阶段游戏的难点。相对于之前的数学游戏，该册的游戏场景更为复杂，内容也相对抽象，爸爸妈妈应陪伴孩子慢慢过渡，逐步攻克各类游戏小难题。

1 3 5 7 9

2 4 6 8 10

第一周

自由的动物世界

野生动物园里有各种各样的动物，太好玩了！数一数，下图中每种动物各有几只呢？

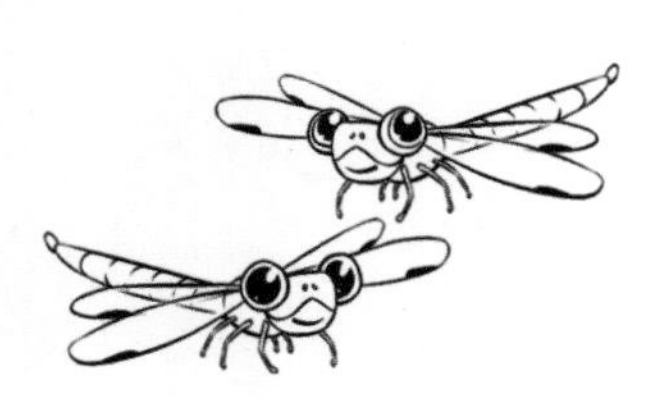

__2__只 它是（奇数/偶数）

______只 它是（奇数/偶数）

______只 它是（奇数/偶数）

______只 它是（奇数/偶数）

______只

它是（奇数/偶数）

______只

它是（奇数/偶数）

学习要点

认识奇数和偶数

家具世界欢乐多

这是我的家，欢迎大家来参观哦。你能将左右两列中数字之和是5的东西连起来吗？

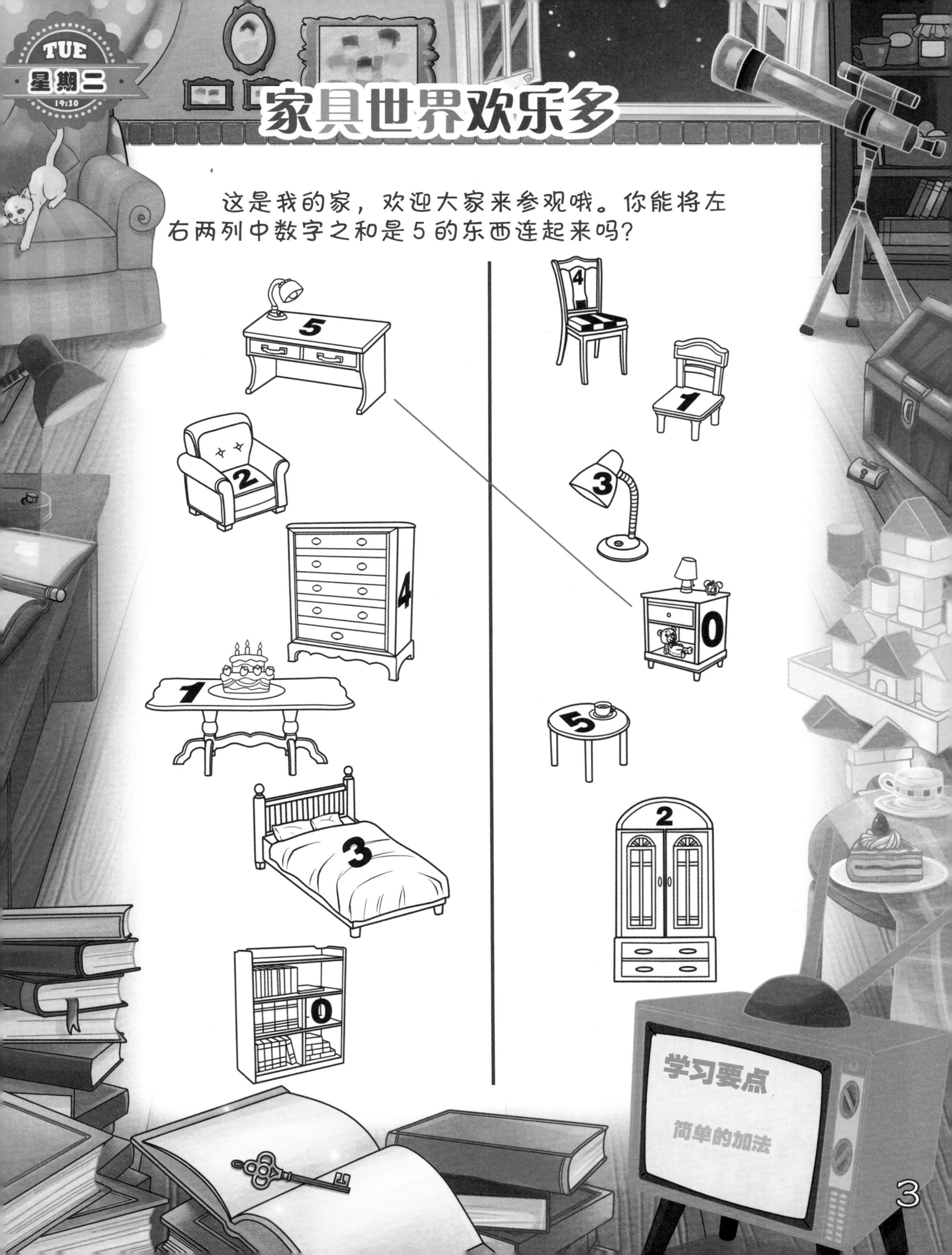

WED 星期三

热闹的钟表店

钟表店开业啦，店里好热闹呀！请将钟表和它们对应的时间连起来吧。

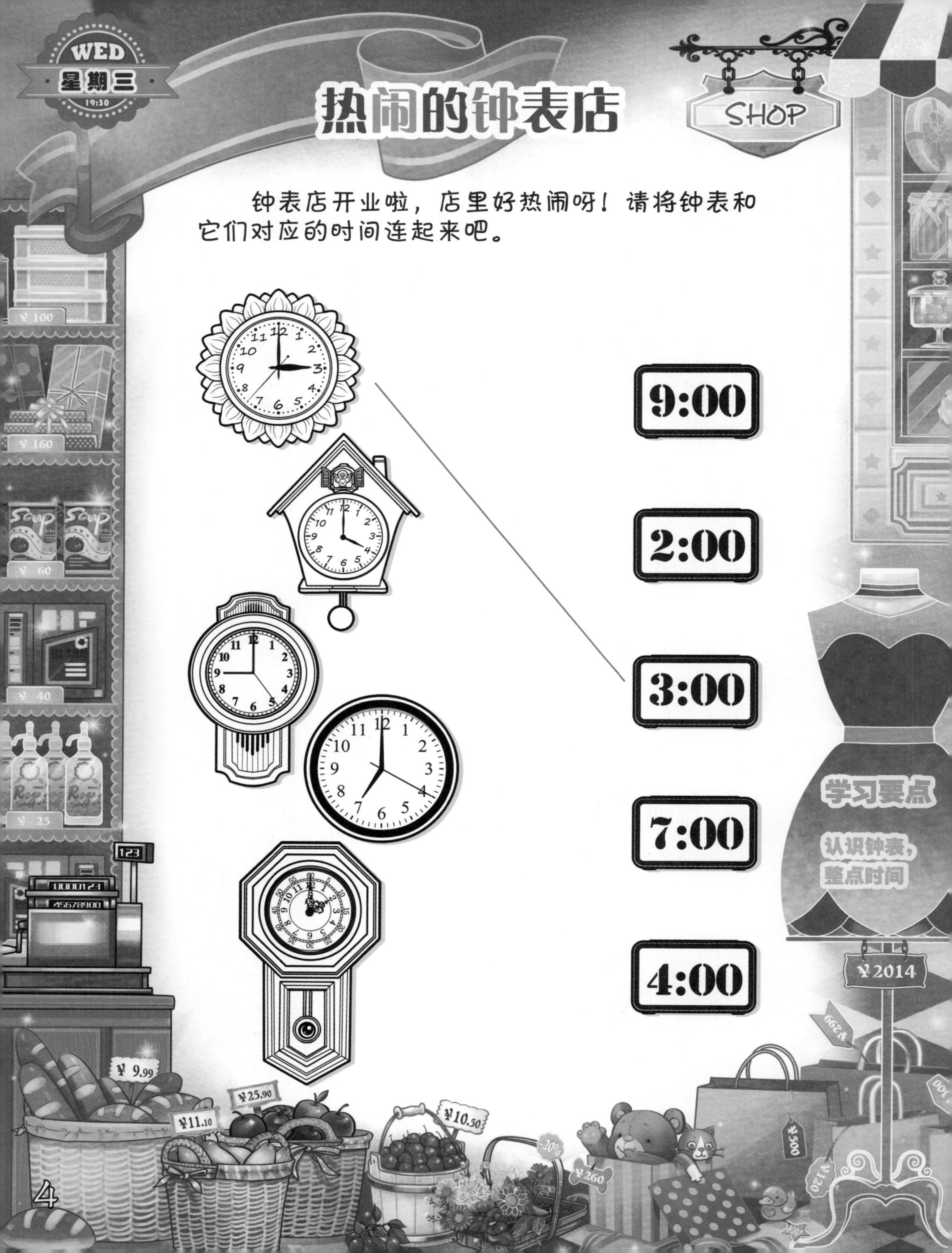

大象表演时间

野生动物世界的动物朋友们非常厉害！现在是下午2点，瞧，大象正在表演长鼻舞！大象每隔2小时表演1次。请看图并按要求填空。

 →  →  → 

2 : 00　　___:___　　___:___　　___:___

学习要点

学习时间的运算

认识序数

从2点到8点，大象一共表演了______次。

如果2点是大象的第___1___次表演。

那么4点是大象的第______次表演。

6点是大象的第______次表演。

8点是大象的第______次表演。

奇妙的图形路牌

去往野生动物园的路上有很多不同形状的路牌，每种形状的路牌各有几块呢？将数字填入下面的横线。

△ ________个　　⬠ ________个

□ ________个　　⬡ ________个

学习要点

认识基本形状

搭个积木塔

仔细观察每个积木塔是按照什么规律搭建的。如果按这个规律继续搭建，下一块积木应该是什么形状呢？

积木塔从下往上的搭建规律是：

1. □ → ______ → ______ → ______ → ______ → ______

2. ______ → ______ → ______ → ______ → ______ → ______

3. ______ → ______ → ______ → ______ → ______ → ______

学习要点

认识图形变化中的规律

当个艺术家

1. 在表格一中挑选一个方格。
2. 在表格二中选出相同位置的方格，画出表格一方格中的图案。
3. 按照上面的步骤，将每一个网格内的图形都画出来。
4. 成功啦，你是一个小小艺术家！

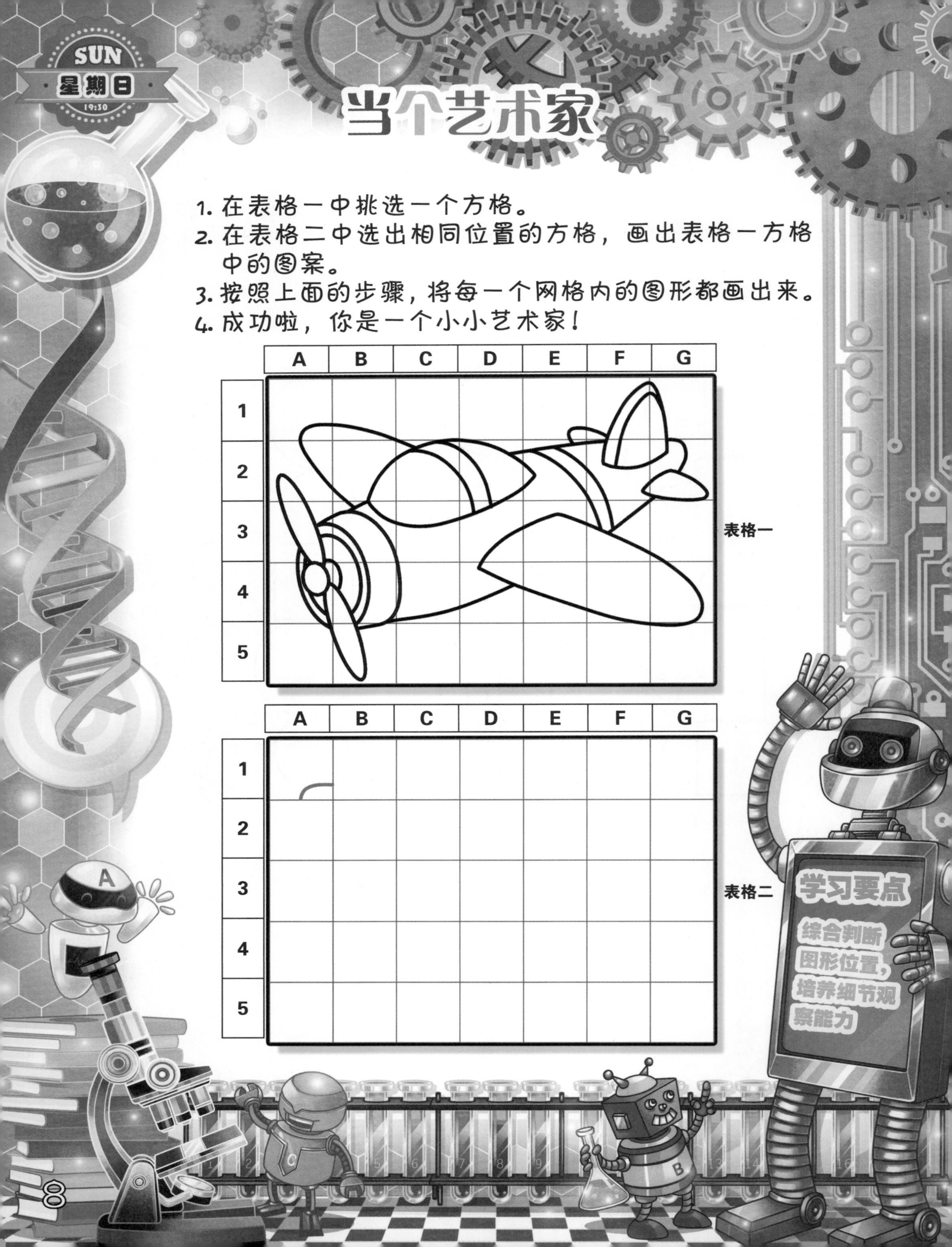

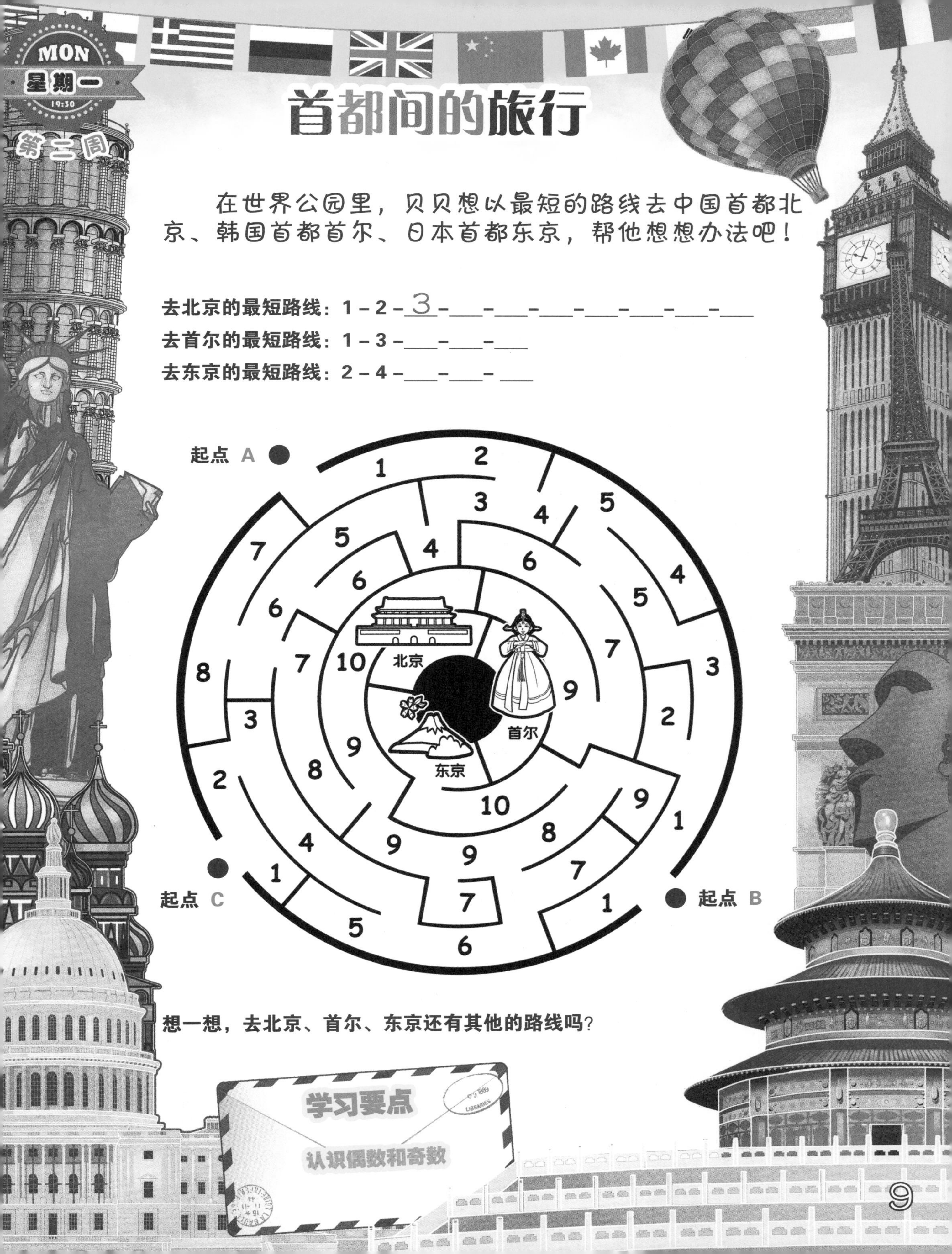

首都间的旅行

在世界公园里，贝贝想以最短的路线去中国首都北京、韩国首都首尔、日本首都东京，帮他想想办法吧！

去北京的最短路线： 1－2－3－___－___－___－___－___－___－___

去首尔的最短路线： 1－3－___－___－___

去东京的最短路线： 2－4－___－___－___

想一想，去北京、首尔、东京还有其他的路线吗？

学习要点

认识偶数和奇数

沿着正确的方向走

找一找每个脚印分别是和谁对应的，计算每个脚印中的算式，并根据结果帮助每个动物找到它们最喜欢的食物。

我会识别硬币

每一个硬币代表着不同的意义。

1 分　　1 角　　5 角

5 分　　1 元

看一看下面的硬币，将对应的钱数写在前面的空格里。

钱　数	硬　币
5 角 2 分	

学习要点

认识元、角、分

去跳蚤市场赚钱

在游乐场的“跳蚤市场”上，文文的小摊正式开张啦！快来帮她算算账吧！

赚钱的数量	卖掉的图书
2 + 1 = 3 （元）	折纸大全　飞机
	折纸大全　飞机　益智世界
	折纸大全　飞机　益智世界　游戏书

学习要点

生活中简单的货币计算

我家的各种形状

仔细观察，将下图中的各种几何形状涂上相应的颜色。

____形____个 ____形____个 ____形____个

____形____个 ____形____个 ____形____个

补全餐桌上的餐具

马上就要开饭了！只有一套餐具摆放完成。帮小猴子补全遗漏的餐具吧。

数一数，你一共补了多少个餐具？

________个。

学习要点

认识图形和图形规律

节日时间大考验

完成横线下方的算式，你就知道这些节日是在哪一天了。

MON
星期一
19:30
第三周
有趣的数字树叶
这是一棵特别的数字树，每一个数字都与前后树叶上的数字是连续的，你能补上缺少的数字吗？
学习要点
熟悉从大到小的10–1，从小到大的1–10

找回丢失的数学符号

数学中常常使用不同的符号：

+ 表示求两个数的和
- 表示求两个数的差
= 表示相等
< 表示小于
> 表示大于

请在下面的等式中，填上丢失的数学符号。

$6 \underline{\ <\ } 9$

$3 + 3 \_\_\_ 6$

$8 \_\_\_ 5 = 3$

$8 \_\_\_ 7$

$2 \_\_\_ 7 = 9$

$7 \_\_\_ 6 = 1$

$10 \_\_\_ 6 = 4$

$7 \_\_\_ 12$

$4 + 4 \_\_\_ 8$

$2 \_\_\_ 2 \_\_\_ 1 = 5$

学习要点

数学符号，简单的加法、减法

钟表世界里的半点钟

请将钟表和它们对应的时间连起来。

5:30　　12:30　　8:00　　1:00　　10:30

学习要点

学习整点和半点

蚂蚁清道夫

蚂蚁是出色的清道夫，能帮助人类及时处理掉地面上各种动物的断肢、尸体。

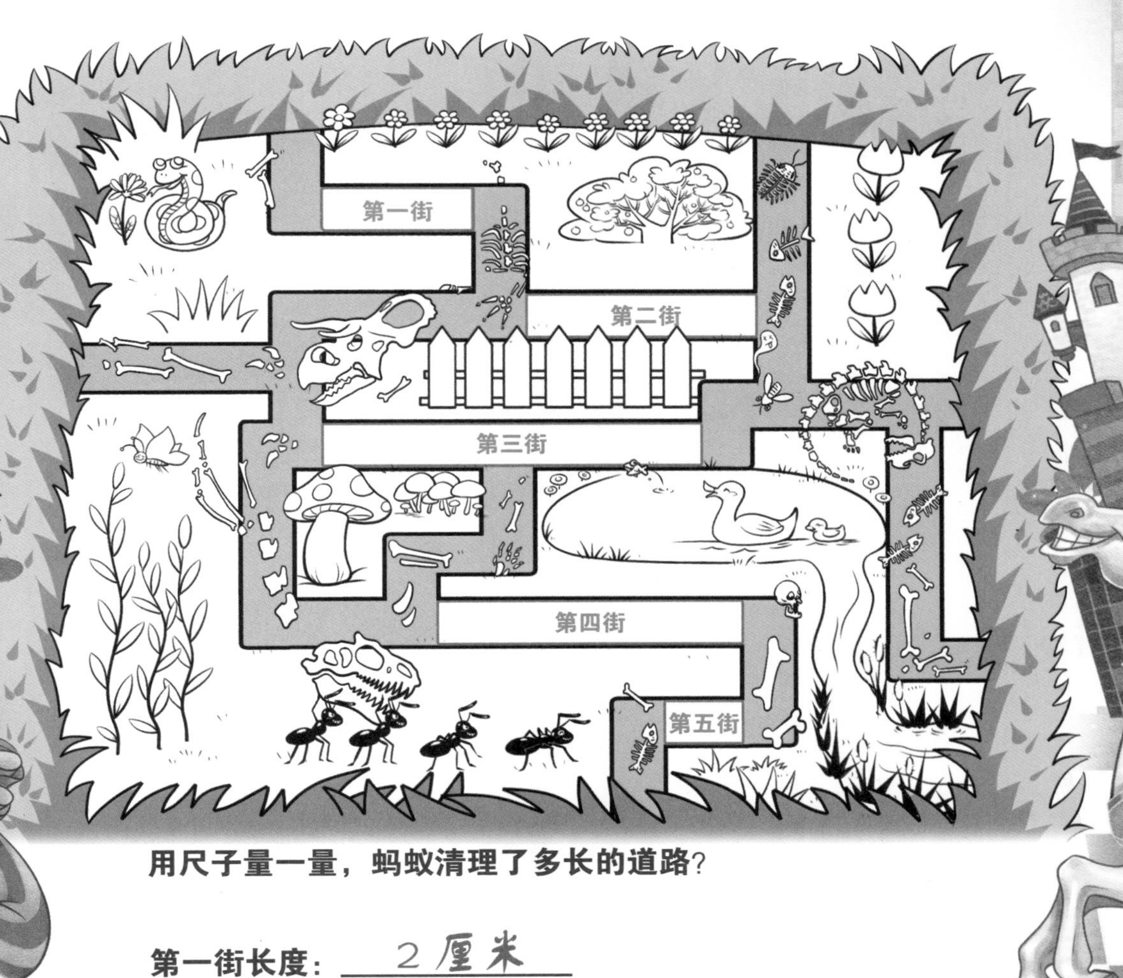

用尺子量一量，蚂蚁清理了多长的道路？

第一街长度：2厘米

第二街长度：________ 第三街长度：________

第四街长度：________ 第五街长度：________

第一街和第二街的长度之和：2＋3＝5（厘米）

第三街和第四街的长度之和：________

第二街和第五街的长度之和：________

学习要点

带单位的长度计算

大树的年轮

砍倒一棵大树后，我们可以从一圈一圈的圆形轮纹知道它的年龄，一个圆圈即代表树生长了一年，也就是“1 岁”。

猪八戒照镜子

猪八戒正在照镜子，哪一幅图是镜子中的它呢？

请你在正确的答案上画√。

环保小卫士

你能把桌上纸片对应的形状和它们的名称连起来吗？游戏结束了还要记得将它们放入对应的玩具箱哦！

一共有：

______+______+______=______张

2A游戏 答案

第一周

P2 自由的动物世界

P3 家具世界欢乐多

P4 热闹的钟表店

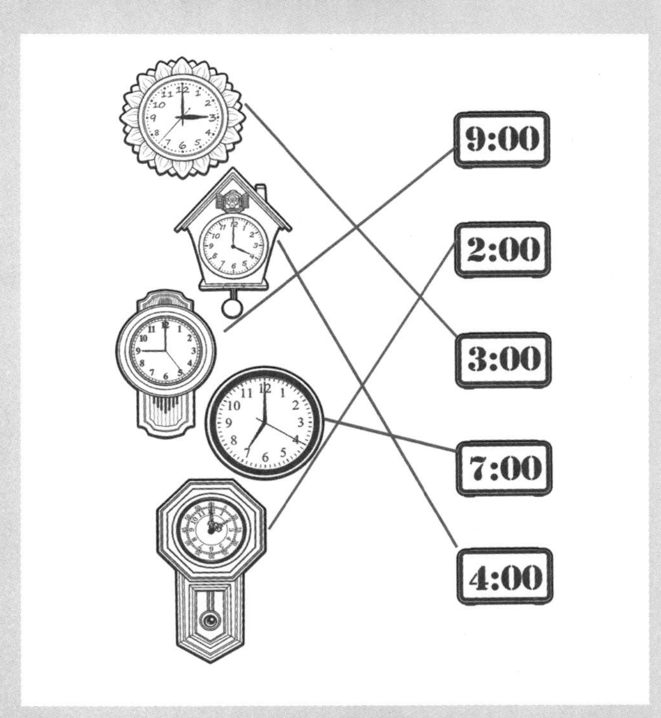

P5 大象表演时间

从 2 点到 8 点，大象一共表演了 4 次。

如果 2 点是大象的第 1 次表演。

那么 4 点是大象的第 2 次表演。

6 点是大象的第 3 次表演。

8 点是大象的第 4 次表演。

P6 奇妙的图形路牌

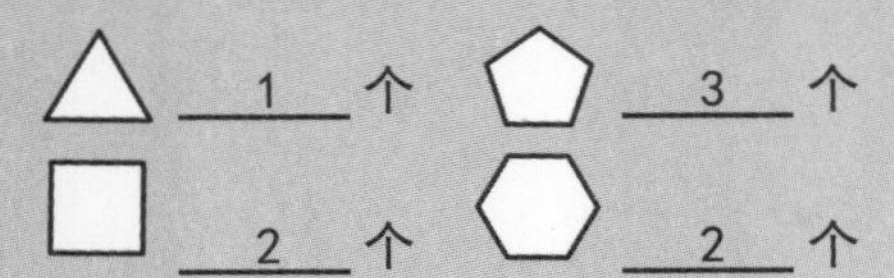

P7 搭个积木塔

积木塔从下往上的搭建规律是：

P8 当个艺术家（略）

第二周

P9 首都间的旅行

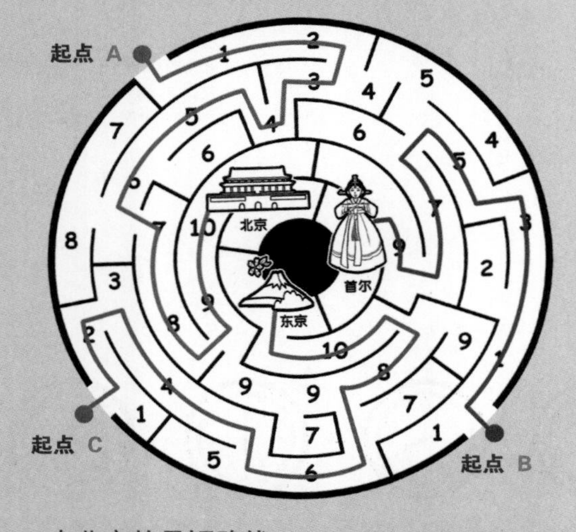

去北京的最短路线：1-2-3-4-5-6-7-8-9-10
去首尔的最短路线：1-3-5-7-9
去东京的最短路线：2-4-6-8-10

P10 沿着正确的方向走

P11 我会识别硬币

钱　数	硬　币
5 角 2 分	
1 元 1 角 5 分	
1 元 5 角 1 分	
2 元 5 角	
1 元 2 角 1 分	

在描述钱的总数时，我们是按照单位从大到小的顺序依次描述的，即按照元→角→分的顺序描述。1 元 =10 角，1 角 =10 分。

P12 去跳蚤市场赚钱

方法 1：

赚钱的数量	卖掉的图书
2+1=3（元）	折纸大全　飞机
2+1+3=6（元）	折纸大全　飞机　益智世界
2+1+3+4=10（元）	折纸大全　飞机　益智世界　游戏书

方法 2：可以将前一题的结果作为后一题的条件进行计算。因为《折纸大全》《飞机》一共 3 元，所以《折纸大全》《飞机》《益智世界》一共是 3 + 3 = 6（元）。

同理，《折纸大全》《飞机》《益智世界》《游戏书》一共是 6 + 4 = 10（元）。

P13 我家的各种形状

三角形 2 个

正方形 10 个

圆 形 5 个

五边形 7 个

椭圆形 5 个

长方形 3 个

P14 补全餐桌上的餐具

数一数，你一共补了多少个餐具？ 7 个。

P15 节日时间大考验

3 月 12 日：植树节

4 月 1 日：愚人节

6 月 1 日：国际儿童节

12 月 25 日：圣诞节

第三周

P17 找回丢失的数学符号

1. $6 \underline{<} 9$
2. $3 + 3 \underline{=} 6$
3. $8 \underline{-} 5 = 3$
4. $8 \underline{>} 7$
5. $2 \underline{+} 7 = 9$
6. $7 \underline{-} 6 = 1$
7. $7 \underline{<} 12$
8. $10 \underline{-} 6 = 4$
9. $2 \underline{+} 2 \underline{+} 1 = 5$
10. $4 + 4 \underline{=} 8$

P16 有趣的数字树叶

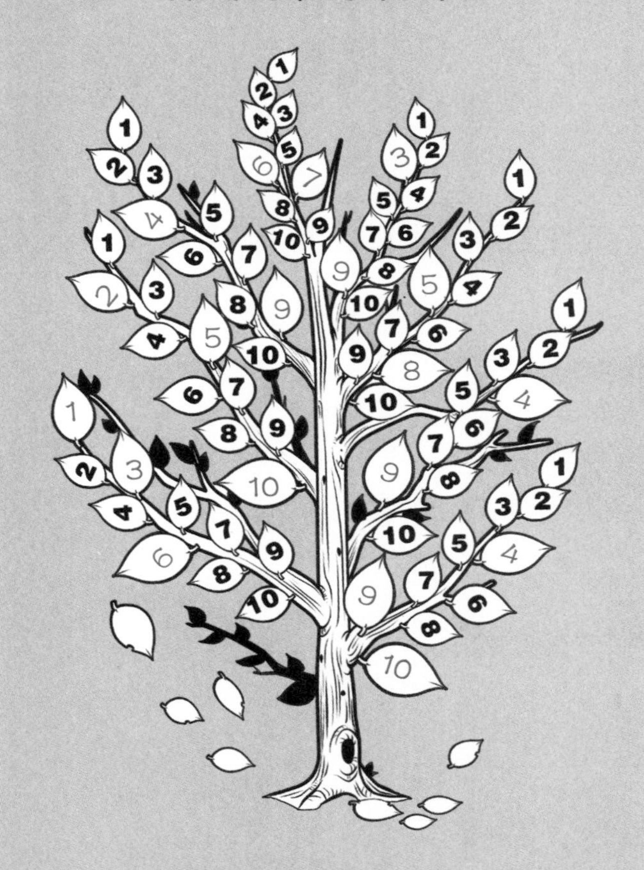

P18 钟表世界里的半点钟

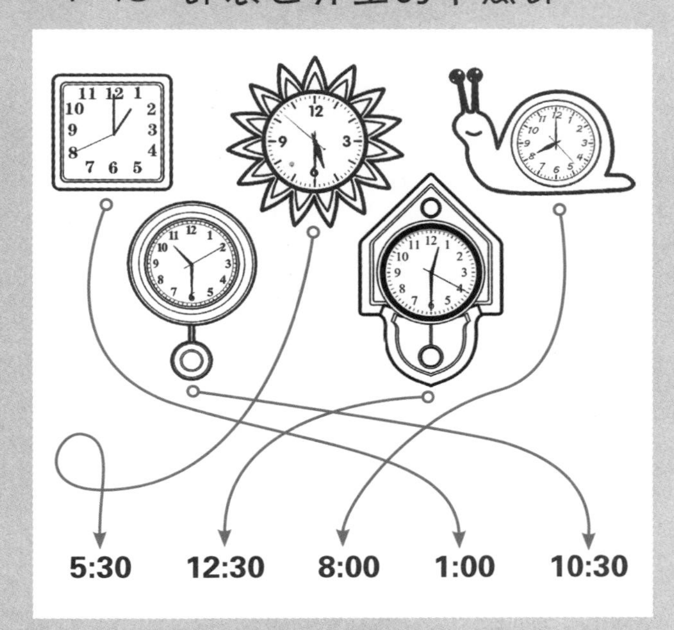

P19 蚂蚁清道夫

第一街长度：＿2 厘米＿

第二街长度：＿3 厘米＿

第三街长度：＿5 厘米＿

第四街长度：＿4 厘米＿

第五街长度：＿1 厘米＿

第一街和第二街的长度之和：

2 + 3 = 5 （厘米）

第三街和第四街的长度之和：

5 + 4 = 9 （厘米）

第二街和第五街的长度之和：

3 + 1 = 4 （厘米）

P20 大树的年轮

P21 猪八戒照镜子

镜子中图像的特点是：上下前后位置不变，左右位置相反。

P22 环保小卫士

在 2B 数学游戏阶段，孩子的学习内容会更复杂，也更丰富。爸爸妈妈应引导孩子在 10 以内数字基础上接触 10-20 的数，知道点数的方法除了一个一个地数，还可以两个两个地数；熟悉和巩固 10 以内的加减法；进一步了解常用的数学符号；初步接触时间、钱币的表示方法和表示顺序；认识更多图形；了解现实的买卖情境，熟悉数字在音乐等其他方面的应用。

就学习重点而言，这一阶段的重点在于引导孩子认识常见计量单位的表达方法，了解数学不仅仅是计算，知道数学和音乐、数学和比赛、数学和万花筒等的关系……通过陪伴孩子认识数学在生活中的各种意义，提高孩子对数学的兴趣。

提高对计量单位之间关系的认识，并学习它们的符号表达是这一阶段的学习难点。要把握好这个难点，爸爸妈妈们应将本书的内容和生活多多结合，在实际问题和游戏中增强孩子对相关问题的认识。

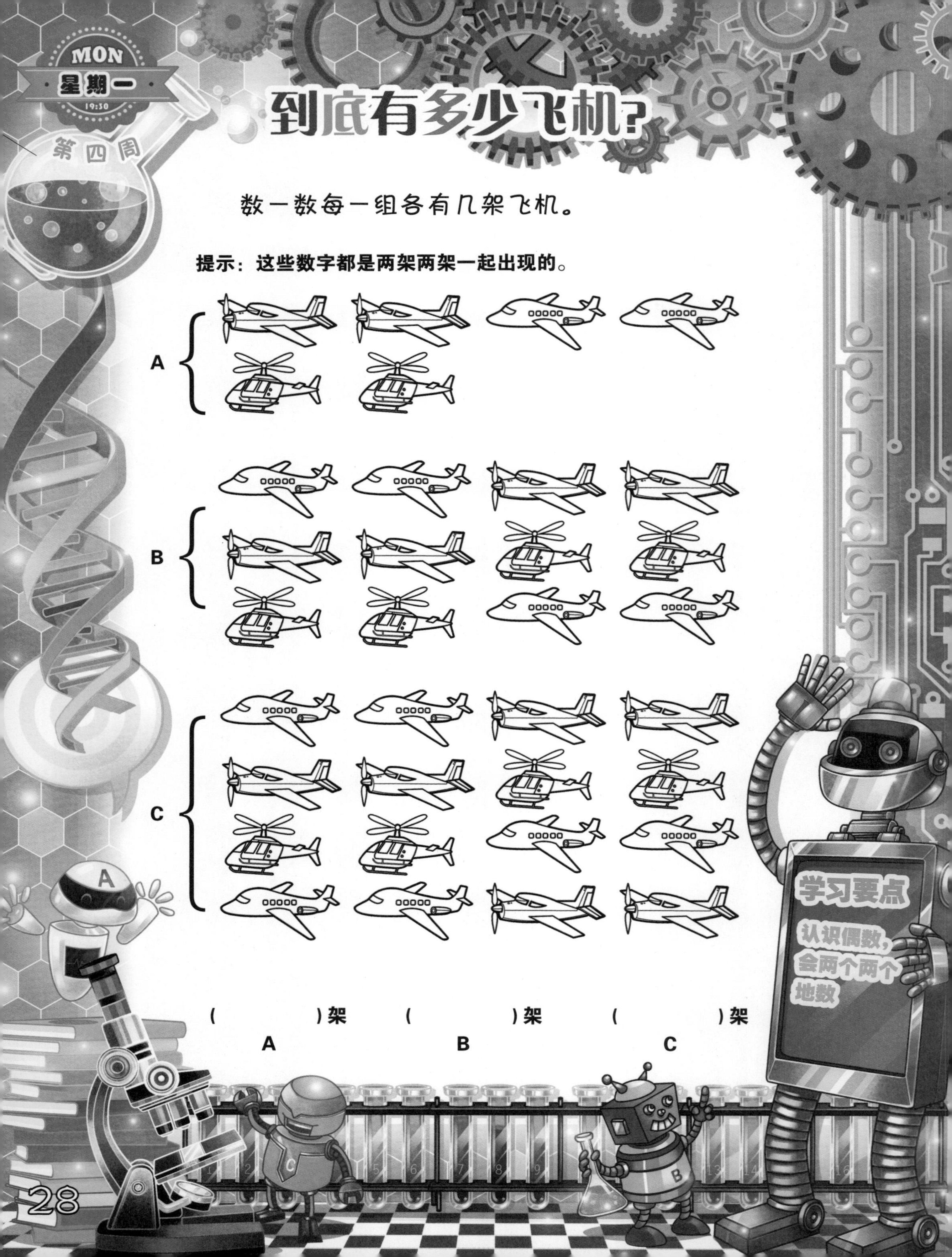

到底有多少飞机？

数一数每一组各有几架飞机。

提示：这些数字都是两架两架一起出现的。

A

B

C

(　　　)架　(　　　)架　(　　　)架

A　B　C

签语饼里的祝福语

签语饼是一种幸运饼干，饼干里面会有祝福的话语。完成下面的算式，每个结果代表一个拼音字母。按顺序拼一拼，就能得到祝福语哦！

符号对应：

a = 1	d = 2	e = 3
g = 4	h = 5	i = 6
n = 7	o = 8	s = 9
u = 10	x = 11	z = 12

得到的祝福语是：

___ ___ ___ ___ ___ ___

___ ___ ___ ___ ___，

___ ___ ___ ___ ___ ___ ___ ___！

零钱比赛

我有一个小猪存钱罐，哥哥有一个恐龙存钱罐，凯迪有一个蜥蜴存钱罐，里面存了好多钱，你知道谁的钱最多吗？

凯迪：
6 个 1 元，
3 个 1 角，
4 个 1 分

哥哥：
3 个 1 元，
6 个 1 角，
5 个 1 分

我：
10 个 1 元，
1 个 5 角，
3 个 1 分

我有 ______ 元 ______ 角 ______ 分。

哥哥有 ______ 元 ______ 角 ______ 分。

凯迪有 ______ 元 ______ 角 ______ 分。

__________ 的钱最多！

世界公园的门票

毛毛喜欢世界公园，他正准备入园参观，你能帮帮他吗？根据提示完成问题。

需要多少钱	我要进入
__2__ 张 10 元 __5__ 张 1 角	埃及园
______ 张 10 元 ______ 张 1 角	美国园
______ 张 10 元 ______ 张 1 角	丹麦园
______ 张 10 元 ______ 张 1 角	美国园和丹麦园
______ 张 10 元 ______ 张 1 角	埃及园和丹麦园

蜘蛛网里秘密多

蜘蛛是“织网天才”，它们吐丝、结网并捕捉飞虫。在蜘蛛网上找一找，你能发现其中的“一笔画”图形吗？赶快行动，一笔把它们描出来。

● 代表起点
→ 代表方向

学习要点

熟悉基本形状，

一笔画规律

SAT
星期六
19:30
逃出虎园迷宫
虎园迷宫里放置了很多形状，你只有按照多边形边数由小到大的顺序逃跑，才能逃出虎园迷宫。
学习要点
在变化中了解图形特征、规律
33

树上的音乐

念一念，唱一唱，算一算。

3 1 3 1 3 5 5
小猫小狗树上跳

2 4 3 2 3 1 1
小燕小雀喳喳叫

2 2 2 2 3 4 4
快来快来一起来

2 4 3 2 3 1 1
大家都是好朋友

圈出图中你最喜欢的小动物！

乐谱中有：

________个1，________个2，________个3，
________个4，________个5。

第一行有________个3，**和是**________，
算式：________________________。
第三行有________个2，**和是**________，
算式：________________________。

儿歌中有________个小，________个来，________个快。

学习要点

计算、音乐、汉字学习

卡丁车比赛

卡丁车比赛马上就要开始了，马丁的行车路线要从数字 1 开始，按顺序直到 20。请画出他的赛车路线。

学习要点

认识 20 以内的数和顺序

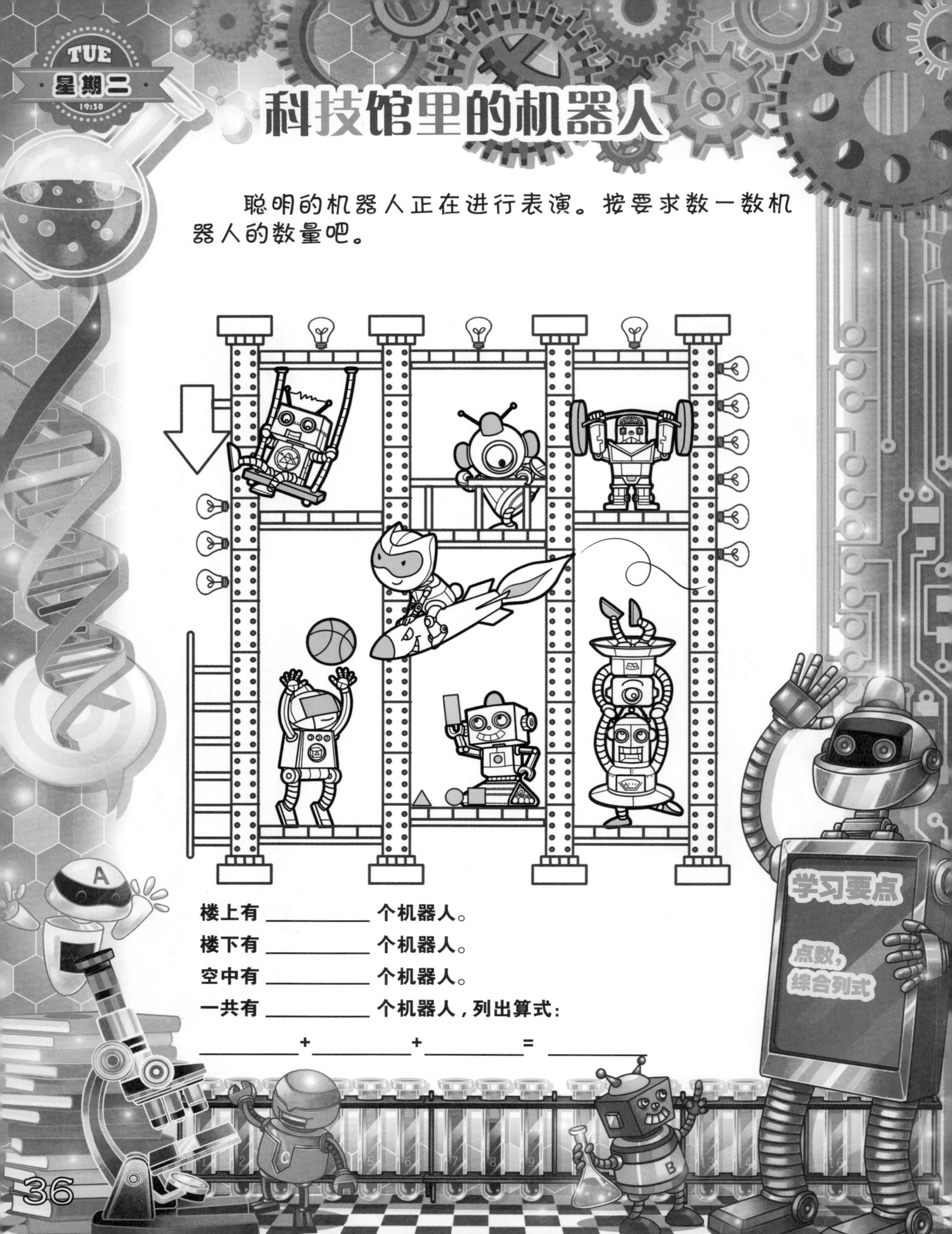

科技馆里的机器人

聪明的机器人正在进行表演。按要求数一数机器人的数量吧。

楼上有 ________ 个机器人。

楼下有 ________ 个机器人。

空中有 ________ 个机器人。

一共有 ________ 个机器人，列出算式：

________+________+________= ________

身高大比拼

世界上生活着各种各样的生物，他们的身高各不相同，看一看，写一写他们的身高吧。

（最小刻度单位：厘米）

2米

1米

蟒蛇：

2 米 5 分米

篮球运动员：

______米

"类人猿"猩猩：

______分米

老鼠：

______分米

______厘米

蘑菇：

______分米

"四不像"麋鹿：

______米

______分米

学习要点

认识长度单位厘米、分米、米

小朋友的一天

根据图中内容在表盘上画出合理的时间，然后将4幅图按合理的顺序排好。

正确的顺序是：

______ → ______ → ______ → ______

有趣的几何动物

用几个简单的基本形状就可以拼出好玩的东西。猜一猜下面的图案是什么，并回答下面的问题。

____个△ ____个□

____个△ ____个□

____个△ ____个□

3 幅图一共用了 ____ 个△ ____ 个□

你能用△和□画出几种动物呢？试试吧。

1　　2　　3

学习要点

在生活情境中认识形状

花园里的秘密

园丁按照一定规律，在路边种植了这些美丽的花儿。聪明的小朋友，“？”处应该种植的是哪种花儿呢?

自动售货机

东东想用手里的钱买一些好吃的，数一数他手里有多少钱，能买些什么呢？

要花完手里的钱，东东可以怎样分配呢？请圈出要他买的东西。

MON
星期一
19:30
第六周
更大或更小
如果前面的数字比后面的数字大，
填“>”（大于）；
如果前面的数字比后面的数字小，
填“<”（小于）。
将画“>”的花朵涂成蓝色；
将画“<”的花朵涂成红色。
8___5
10___9
7___3
13___5
2___12
4___6
9___14
14___13
学习要点
认识比较符号，
比较数的大小
42

用数字画画

春天，月季花、玉兰花、桃花都开啦。给下面的算式求和，每一个“和”代表一种颜色，给下面的花儿涂上正确的颜色。

4 + 10	10 + 2	10 + 7	0 + 3	10 + 5	8 + 10
红	紫	黄	棕	绿	橙

兰兰的4月计划

4月到了，去哪里春游呢？兰兰制订了计划。观察日历，回答下面的问题。

1. 去海洋馆是在4月___日，星期___。
2. 去科技馆是在4月___日，星期___。
3. 去天文馆是在4月___日，星期___。
4. 去郊区采摘是在4月___日，星期___。
5. 去游泳是在4月___日，星期___。

四月

日	一	二	三	四	五	六
			1	2	3	4
5	6	7 去海洋馆	8	9	10	11 去科技馆
12	13	14	15 去天文馆	16	17	18
19	20 去游泳	21	22	23	24	25
26	27	28	29	30 去郊区采摘		

学习要点

学习日历，时间管理

丰富多彩的文具

在文具店里，店主标出了每一种文具的价格，算一算每种文具可以收回多少钱。店主在哪一种文具上收回的钱最多？

价目表			
尺子	铅笔	橡皮	文具盒
1元	1元	1元	1元 1元 1元

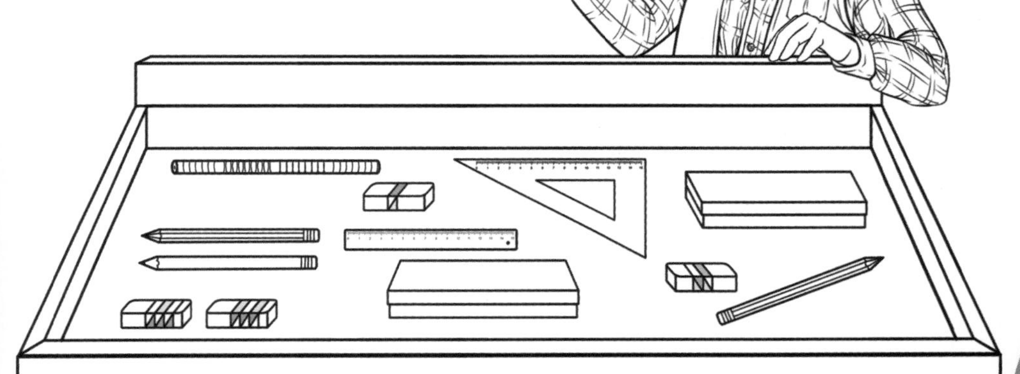

文具名称	数　量	收回的钱	收回的钱最多（打√）
尺　子			
铅　笔			
橡　皮			
文具盒			

学习要点

在生活情境中熟悉简单货币应用

我是会解密的小科学家

科技馆知识就藏在图形符号中，做个会解密的科学家吧！

解密开始——

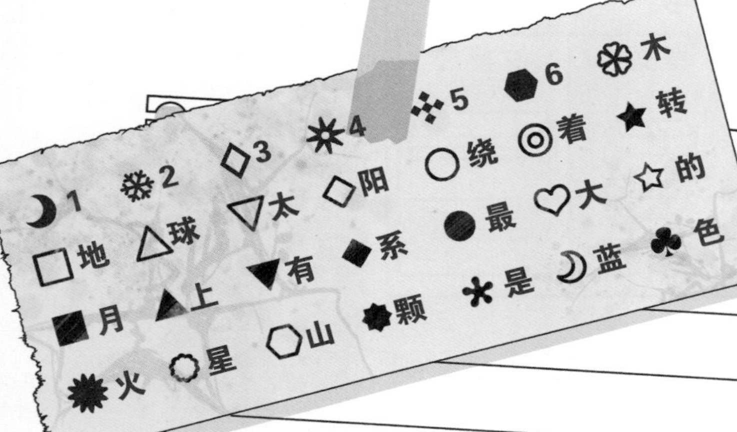

1. □△○◎▽◇★

   地 球

2. ■△○◎□△★

3. ✹✪▲▼▽◇◆●♡☆✹⬡

4. ▼☽⬢⬟✪✪○◎✿✪★

5. □△✱☽♣☆✪✪

学习要点

掌握图形，图形代码的等量运用

图形加工厂

图形加工厂流水线上熊师傅正在为小朋友生产图形。猜一猜，画一画，机器里会吐出什么图形？

学习要点

图形之间的内在关系

自己制作万花筒

见过万花筒吗？现在，让我们亲手制作一个漂亮的万花筒吧！

1. 给三角形涂上黄色
2. 给四边形涂上蓝色
3. 给五边形涂上红色

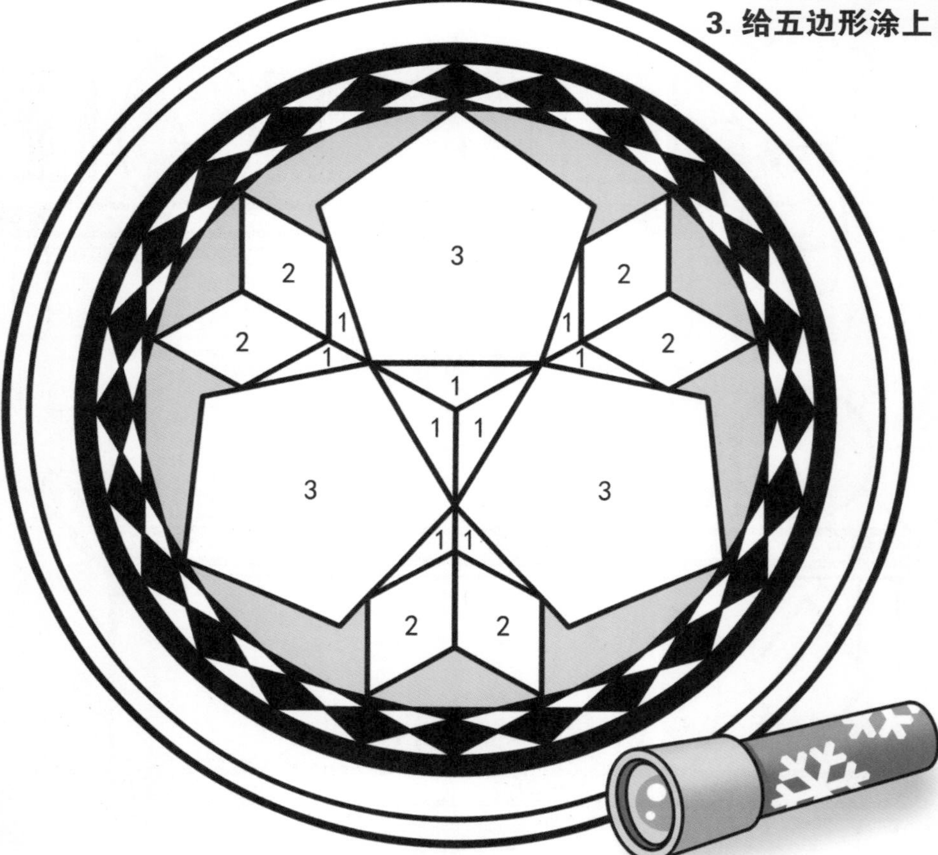

图　形	个　数	图形里的数字之和	算　式
三角形			
四边形			
五边形			

学习要点

图形、简单的叠加计算

2 B 游戏 答案

第四周

P 28 到底有多少飞机?

A <u>6</u> 架　　B <u>12</u> 架　　C <u>16</u> 架

P 29 签语饼里的祝福语

hao　hao
xue　xi ，
ni　zui　hao　！

提示：拼音对应的文字是
“好好学习，你最好！”

P 30 零钱比赛

我有 <u>10</u> 元 <u>5</u> 角 <u>3</u> 分。
哥哥有 <u>3</u> 元 <u>6</u> 角 <u>5</u> 分。
凯迪有 <u>6</u> 元 <u>3</u> 角 <u>4</u> 分。
<u>我</u> 的钱最多！

P 31 世界公园的门票

需要多少钱	我要进入
<u>2</u> 张 10 元 <u>5</u> 张 1 角	埃及园
<u>3</u> 张 10 元 <u>2</u> 张 1 角	美国园
<u>1</u> 张 10 元 <u>5</u> 张 1 角	丹麦园
<u>4</u> 张 10 元 <u>7</u> 张 1 角	美国园和丹麦园
<u>3</u> 张 10 元 <u>10</u> 张 1 角	埃及园和丹麦园

P 32 蜘蛛网里秘密多

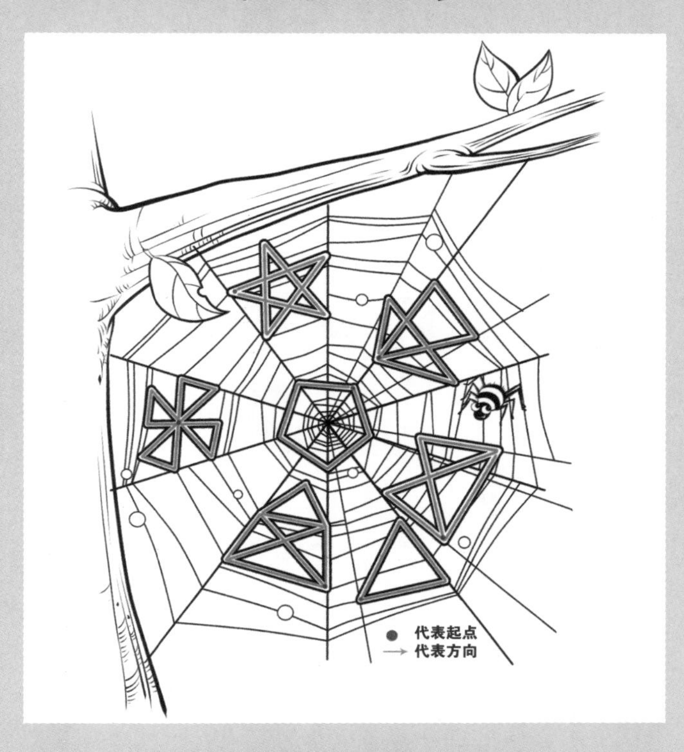

P 33 逃出虎园迷宫

P34 树上的音乐

乐谱中有 6 个 1， 8 个 2， 8 个 3，
4 个 4， 2 个 5。
第一行有 3 个 3，和是 9，
算式：3 + 3 + 3 = 9。
第三行有 4 个 2，和是 8，
算式：2 + 2 + 2 + 2 = 8。
儿歌中有 4 个 小， 3 个 来， 2 个 快。

第五周

P35 卡丁车比赛

P36 科技馆里的机器人

楼上有 3 个机器人。
楼下有 4 个机器人。
空中有 1 个机器人。

一共有 8 个机器人。
列出算式：3 + 4 + 1 = 8

P37 身高大比拼

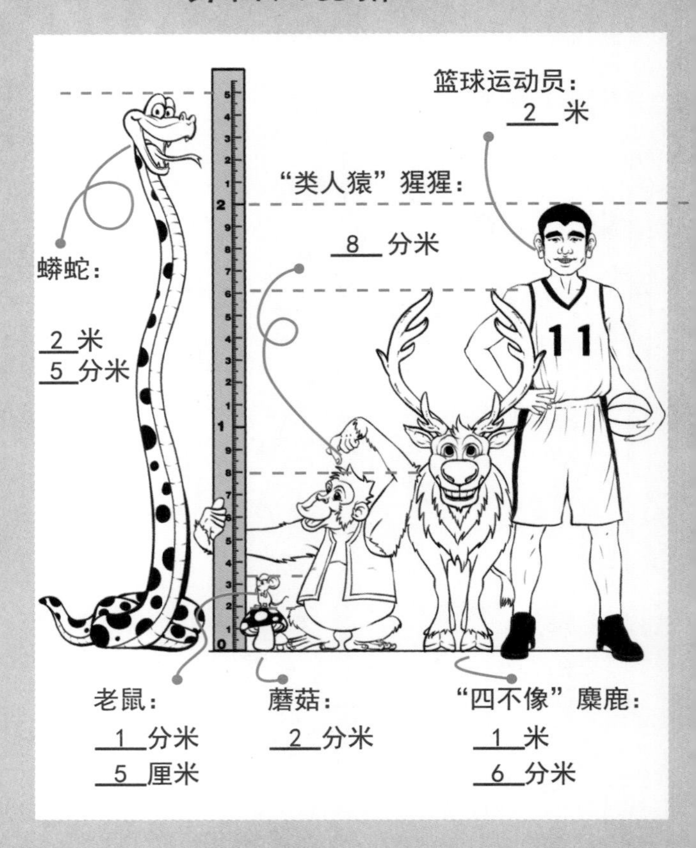

P38 小朋友的一天

在表中标出的时间根据实际情况确定。
正确的顺序是：3 → 2 → 1 → 4

P39 有趣的几何动物

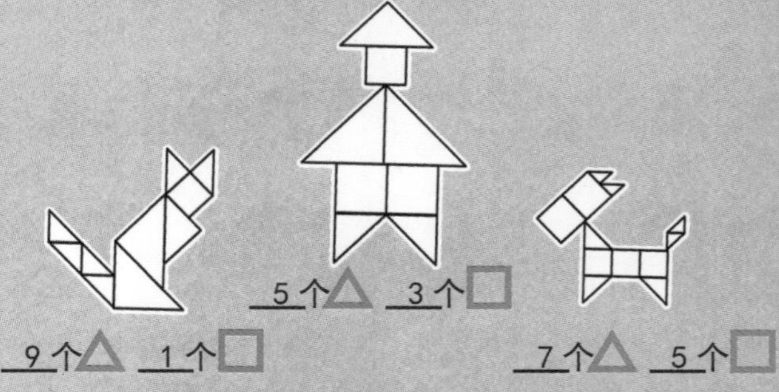

5 个△ 3 个□

9 个△ 1 个□ 7 个△ 5 个□

3 幅图一共用了 21 个△ 9 个□。

方法 1：为了找到总数，可以列式：
9 + 5 + 7 = 21， 1 + 3 + 5 = 9。

方法 2：可以用点数的办法获得答案。

P40 花园里的秘密

花儿的规律是：

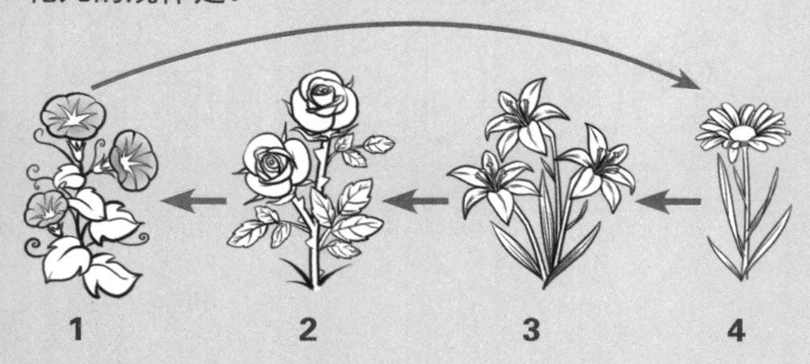

第一行是这样种植的：
喇叭花 3 朵　玫瑰花 2 朵　百合花 3 朵　菊花 1 朵

第二行是这样得到的：
喇叭花 3 朵←玫瑰花 2 朵←百合花 3 朵←菊花 1 朵

即将第一行最前面的花种到最后面，其他花依次前移，得到：
玫瑰花 2 朵　　?　　菊花 1 朵　　喇叭花 3 朵
第三行是这样得到的：
玫瑰花 2 朵←　?　←菊花 1 朵←　喇叭花 3 朵

即将第二行最前面的花种到最后面，其他花依次前移，得到：
百合花 3 朵　菊花 1 朵　喇叭花 3 朵　玫瑰花 2 朵

所以问号处是：　　　　④

P41 自动售货机

5 + 4 = 9（元）

东东用手里的钱可以买 2 元区、3 元区、5 元区的任何一件商品，也可以同时买几件商品，只要价格之和不超过 9 元就可以。

要花完手里的钱，东东可以这样分配：买 2 个“2 元区”和 1 个“5 元区”的商品，恰好 9 元。

答案不唯一。

第六周

P42 更大或更小

P43 用数字画画

4 + 10 = 14	10 + 2 = 12	10 + 7 = 17	0 + 3 = 3	10 + 5 = 15	8 + 10 = 18
红	紫	黄	棕	绿	橙

P44 兰兰的4月计划

1. 去海洋馆是在4月 7 日，星期 二 。
2. 去科技馆是在4月 11 日，星期 六 。
3. 去天文馆是在4月 15 日，星期 三 。
4. 去郊区采摘是在4月 30 日，星期 四 。
5. 去游泳是在4月 20 日，星期 一 。

P45 丰富多彩的文具

文具名称	数　量	收回的钱	收回的钱最多（打√）
尺　子	2	2元	
铅　笔	3	3元	
橡　皮	4	4元	
文具盒	2	6元	√

P46 我是会解密的小科学家

P47 图形加工厂

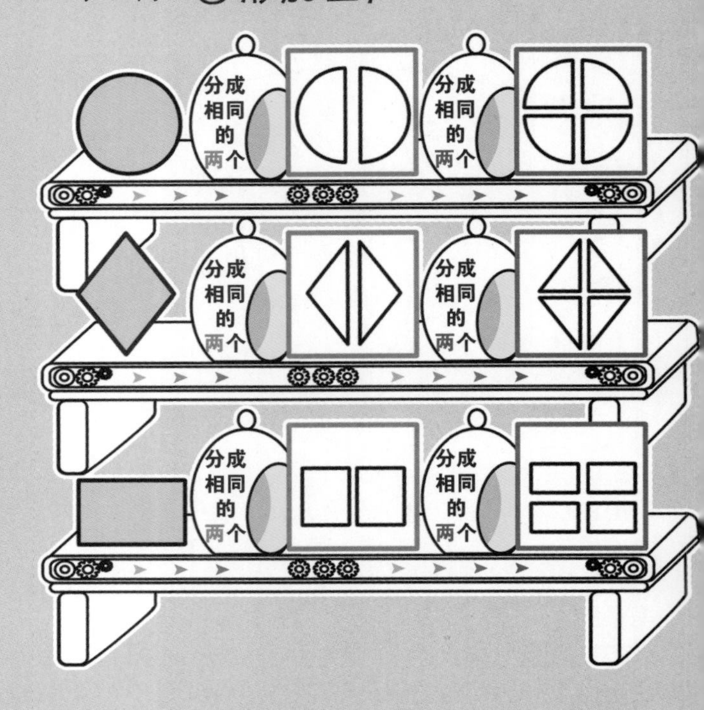

P48 自己制作万花筒

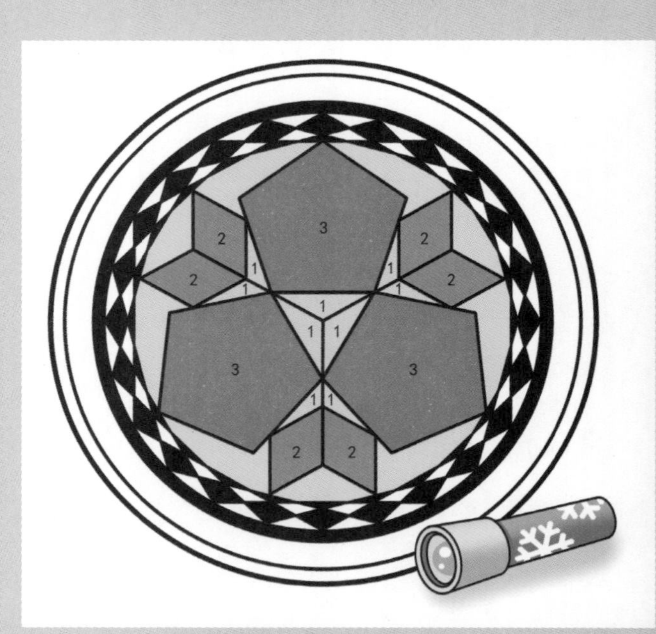

图　形	个　数	图形里的数字之和	算　式
三角形	9	9	1+1+1+1+1+1+1+1+1=9
四边形	6	12	2+2+2+2+2+2=12
五边形	3	9	3+3+3=9

在2C数学游戏阶段，孩子要学习的数学知识会更细致，题目对孩子的思维考查要求也会更高。这一阶段，爸爸妈妈应陪伴孩子扩大点数的范围，逐渐从1-10向更大的数延伸；在量的知识方面，细化对单位更准确的认识，比如认识厘米和毫米；学会判断多种图形和实物的对应关系；接触简单的逻辑问题和统计学思想。

就学习重点而言，这一阶段的重点在于引导孩子利用一定的推理方法熟悉和巩固10以内的计算，熟悉计量单位在生活中的具体应用，尤其是一些更精确的认知，从而为3级数学游戏中更复杂的数学学习做好铺垫。

数字、图形规律的分析及辨别，以及背后的统计学思想是这阶段学习的难点。孩子的学习是循序渐进的，2C数学游戏的难度相对较高，但数学的迷人之处也恰恰在于这些数学思想之中。爸爸妈妈们应保持足够的耐心，陪孩子快乐进阶。

11.12.13.14.15
16.17.18.19.20

东北虎的脚印

东北虎是国家保护动物，它们的数量正在逐渐减少。最近，科学家意外发现了东北虎的脚印。不同的东北虎，脚印的形状是不同的。

看图并为每只东北虎的脚印涂上一种颜色。

一共有几只东北虎？＿＿＿＿＿只。

	数　量	数量最多的是（打√）	数量最少的是（打√）
	8		

学习要点

学习点数事物，判别数字的多和少

数字大爆炸

这是数字世界的大爆炸，你有多少种方法可以得到 10？

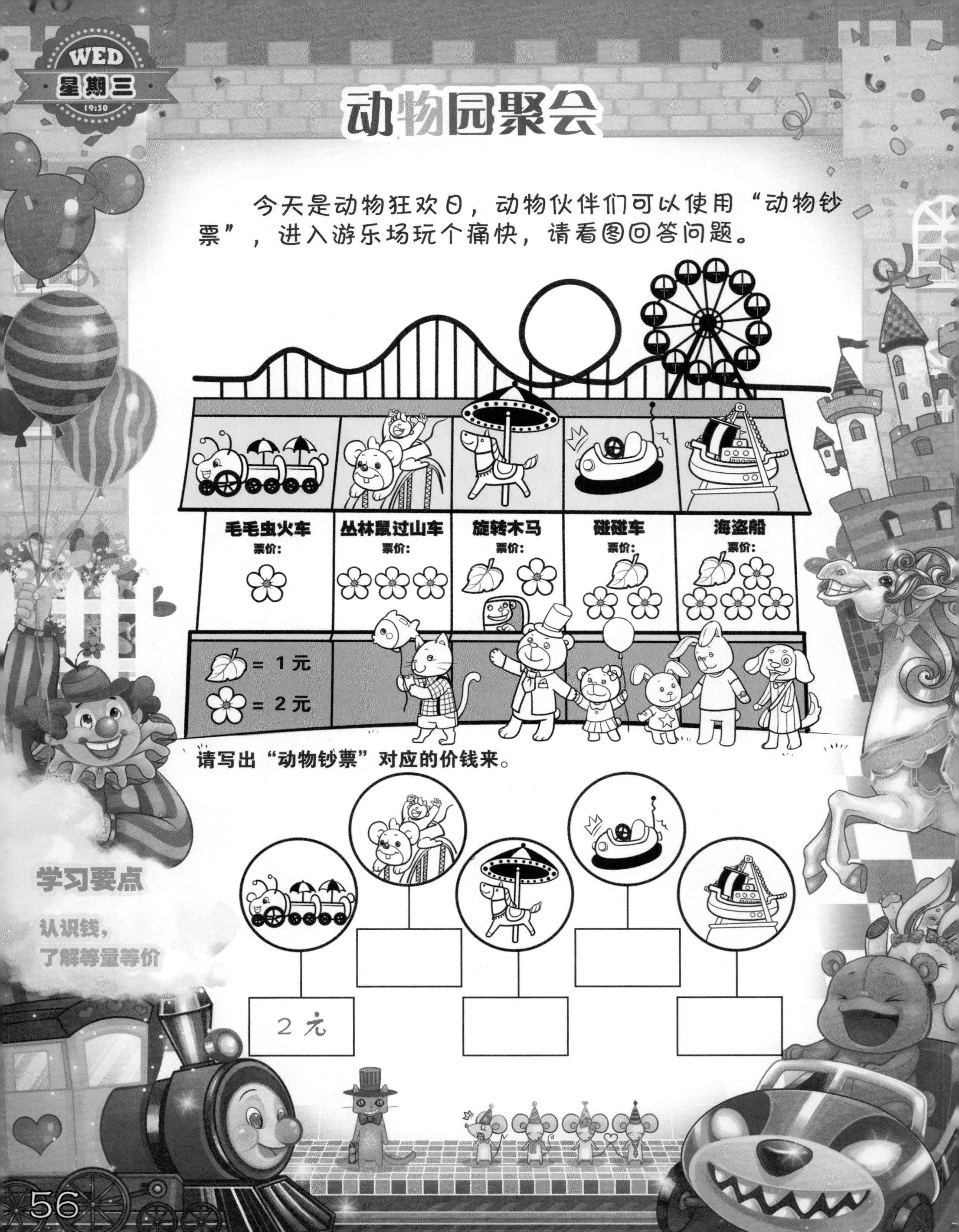

WED
星期三
19:30
动物园聚会
今天是动物狂欢日，动物伙伴们可以使用“动物钞票”，进入游乐场玩个痛快，请看图回答问题。
毛毛虫火车
票价：
丛林鼠过山车
票价：
旋转木马
票价：
碰碰车
票价：
海盗船
票价：
= 1元
= 2元
请写出“动物钞票”对应的价钱来。
2元
学习要点
认识钱，
了解等量等价

昆虫单位

运用一些特殊的办法，我们可以知道很多动物的身体长度。利用下面的条件，你能求出每一种动物的身长吗？

1（蚊子）= 2 毫米

数字 + 动物 表示动物的身长

1（苍蝇）= 2（蚊子）

1（蜘蛛）= 2（蚊子）

1（蜗牛）= 3（蚊子）

1（虫子）= 4（蚊子）

1（蝴蝶）= 4（蚊子）

1（蜂鸟）= 5（蚊子）

1（苍蝇）= 4 毫米　列式：2 + 2 = 4（毫米）

1（蜘蛛）= ______ 毫米　列式：______________（毫米）

1（蜗牛）= ______ 毫米　列式：______________（毫米）

1（虫子）= ______ 毫米　列式：______________（毫米）

1（蝴蝶）= ______ 毫米　列式：______________（毫米）

1（蜂鸟）= ______ 毫米　列式：______________（毫米）

邮票探秘

找出组成每张邮票的4幅图中，与其他3幅不相同的那一个。

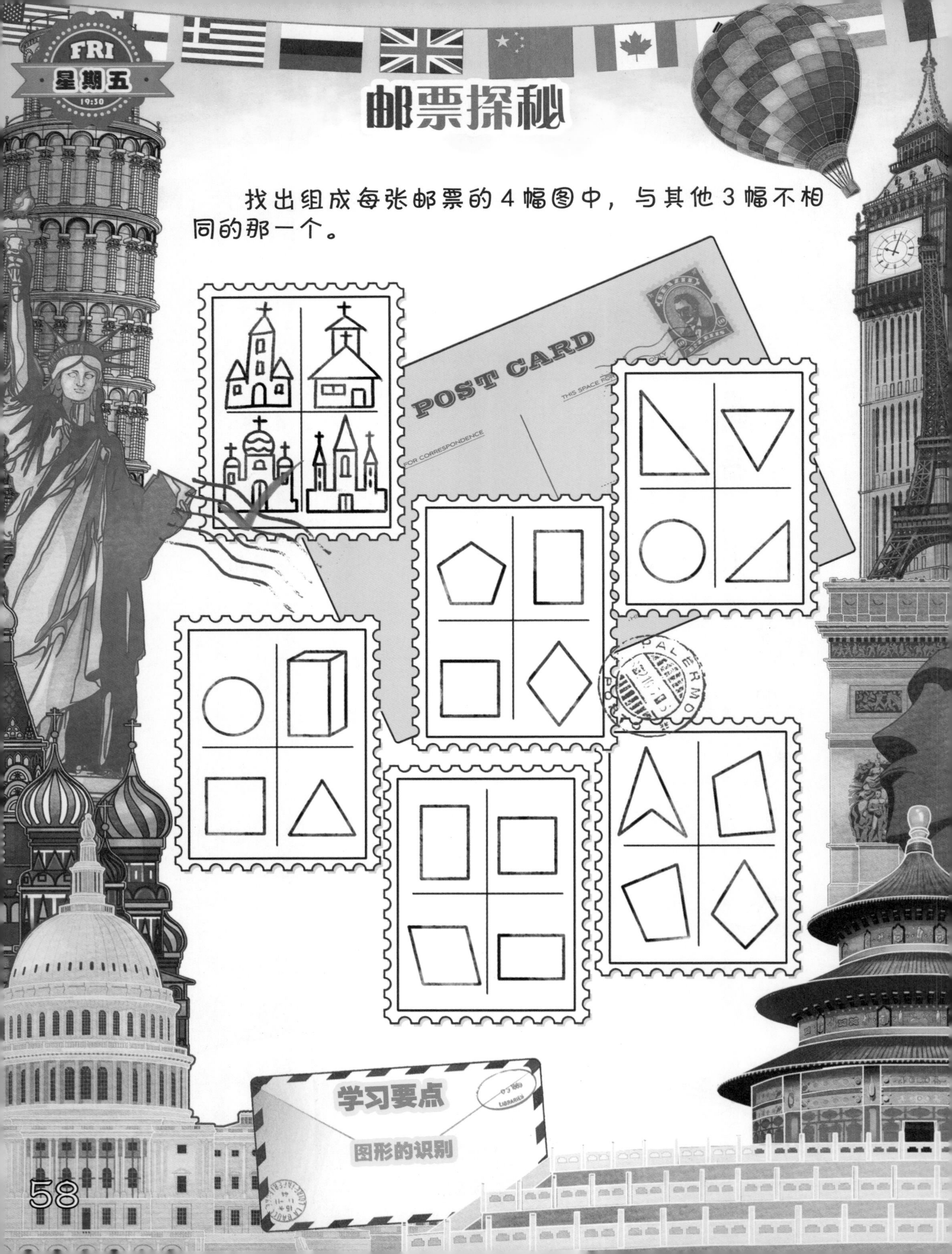

学习要点

图形的识别

隐藏的秘密

找出每组图中与其他图不相同的那一个。

自然界的数

下面的花朵非常有趣，学一学，数一数，连一连，你能发现什么有趣的规律呢？

秋海棠花

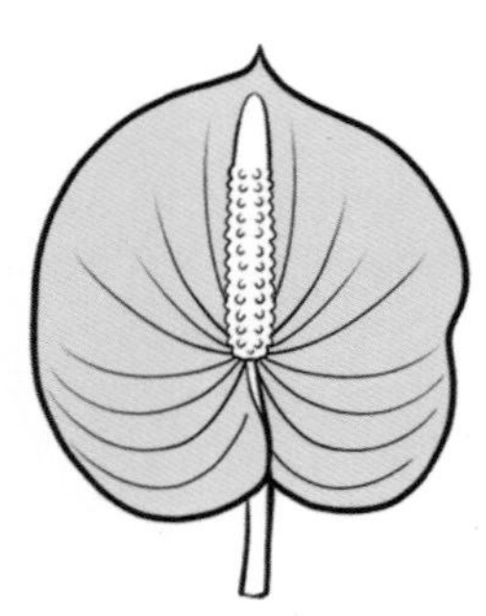

火鹤花

波斯菊

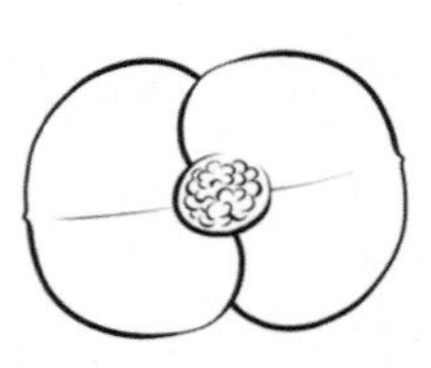

虎刺梅花

大花延龄草

瓜叶菊

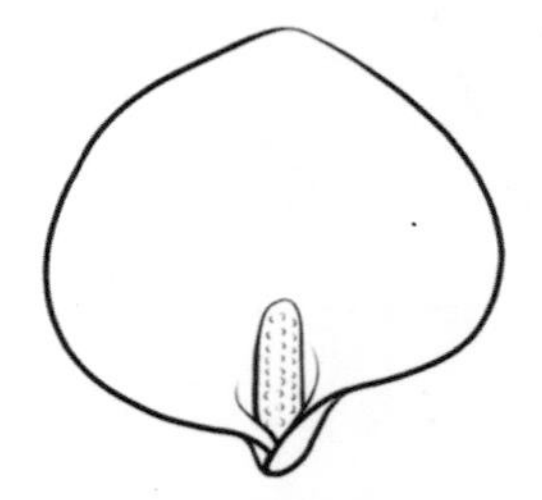

马蹄莲花

花瓣数：1　1　2　3　5　8　13

上面一列数的规律：

1+1= ______，1+2= ______，2+3= ______，3+5= ______，5+8= ______

从第 3 个数开始，每个数都是前面两个数的 __________。

学习要点

数字规律、加法、斐波那契数列

一起来做落叶游戏

秋天来了，树叶纷纷落下。这么多的树叶，赶紧收集一些做个游戏吧。根据最下面的图，回答下列问题吧。

 银杏叶

 柳树叶

 杨树叶

 枫树叶

 爬山虎叶

	数 量	数量最多的是（打√）	数量最少的是（打√）
银杏叶	6		
柳树叶			
杨树叶			
枫树叶			
爬山虎叶			

把上面的数字从小到大排列：______ < ______ < ______ < ______ < ______

数字的多和少，最多和最少

平均分一分

今天是希希的生日，妈妈为他买了一个大大的生日蛋糕。在吃生日蛋糕之前，请先帮助希希解决下面的问题。

一共______个人。

需要把蛋糕分成______块。

需要切______刀。

学习要点

点数事物，平均分配

量量它们的身高

小动物有多长？你可以用毫米，也可以用厘米表示长度。试一试吧。

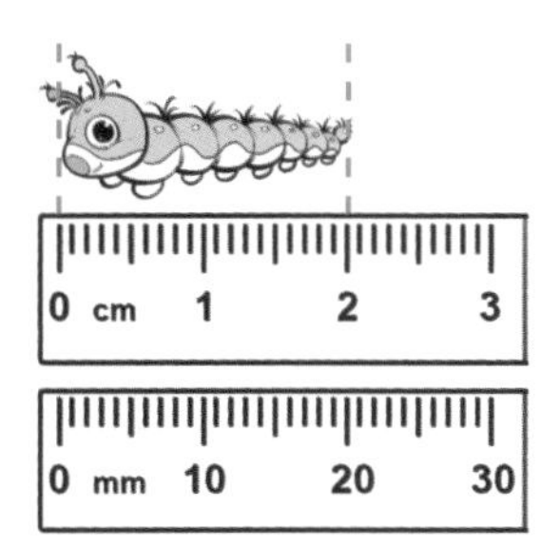

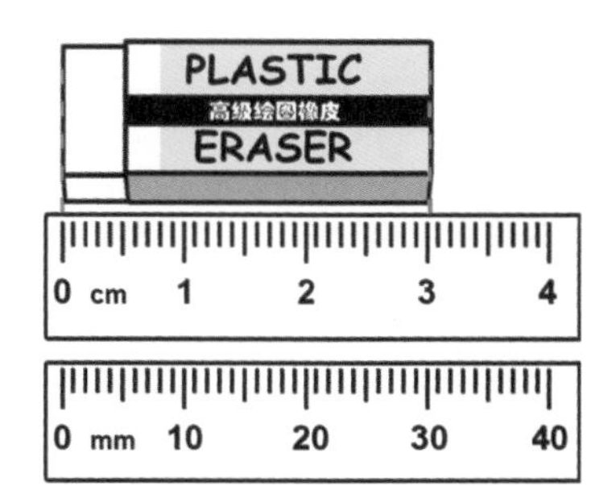

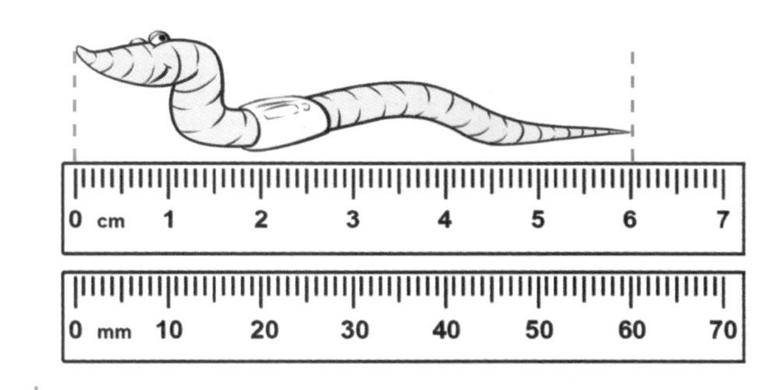

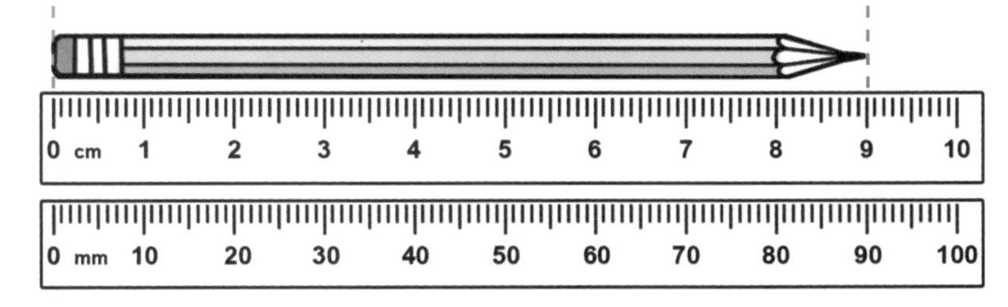

学习要点

认识长度单位

毫米、厘米

大富翁游戏

买房子是不错的财产保值方法哦！算一算，如果花完表格中的钱，可以买到什么房子呢？

一个公寓	一栋别墅	一个旅店	一栋商业楼
售价：1元	售价：3元	售价：4元	售价：8元

我现在有	可以买	列出算式
2 元	2 个公寓	1+1=2
3 元		
4 元		
5 元		
6 元		
7 元		
8 元		
9 元		
10 元		

学习要点

简单的货币应用

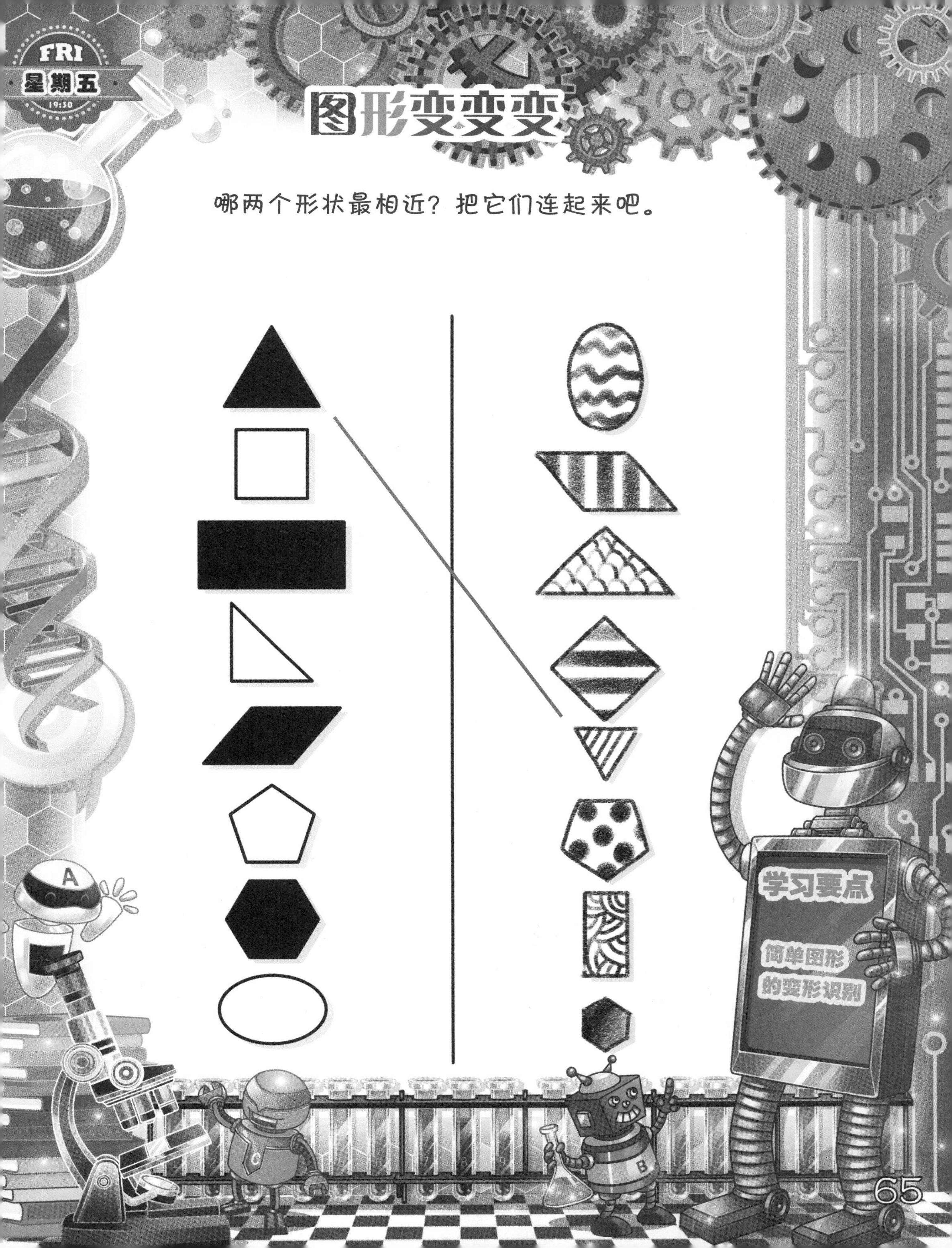
FRI
星期五
19:30
图形变变变
哪两个形状最相近？把它们连起来吧。
学习要点
简单图形的变形识别
A
C
B

对称的美

如果一个图形沿一条直线对折后两部分完全重合，这样的图形就叫对称图形。

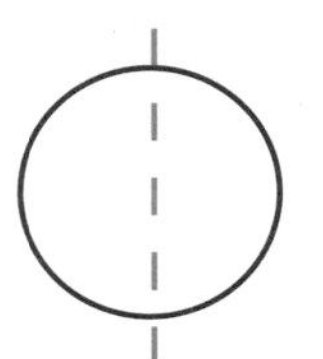

请根据上面的定义，圈出下图中的对称图形。

学习要点

对称的概念

和判別方法

猴子的逻辑

猴子米米从游客那里抢到了一副扑克牌。它正在和伙伴们玩猜牌游戏。通过下面的线索，猜一猜，米米手里拿着哪三张牌？

线索：

1. 这三张牌中没有相同的数字。
2. 这三张牌的数字之和是 9。
3. 这三张牌中有一个奇数，两个偶数。
4. 其中两张牌的和不是 3。

学习要点

数字的特点，
简单的计算和逻辑推理

MON 星期一 19:30

第九周

动物园里有多少人？

小朋友和爸爸妈妈一起去游园。人可真多，每个小朋友都紧紧拉着爸爸或妈妈的手。赶紧数一数吧。

	数量	数量最多的是（打√）	数量最少的是（打√）
男　孩			
女　孩			
爸　爸			
妈　妈			
导　游	1		

把上面的数字从大到小排列：____ > ____ > ____ > ____ > 1

学习要点

数字的多和少，最多和最少

TUE
星期二
19:30
寻找外星人游戏
这里有很多外星人，谁第一个找到外星人，谁就将赢得胜利！开始游戏吧！
这个游戏可以两个人或四个人一起玩。
游戏规则：每人一颗棋子。轮流扔骰子进行游戏，扔到数字几，就从几开始游戏。棋子走到有问题的地方要回答问题后继续游戏。
游戏准备：一个骰子、几个小棋子（小扣子也可以）。像这种：
火箭：能量补充站
1
休息一下，直接到达 1 + 3
2
停玩一次
3
获得能量，直接到达 12
4
找到外星人脚印，到达 5 + 5
5
风平浪静，到达 6 + 2
6
能量不够，回到火箭
7
前进 3 步
8
流星雨刚过，直接到达 3 + 7
9
10
遇到流星雨，躲到 10 − 6
11
遭遇宇宙风暴，被吹到 14
12
停玩一次
13
扔骰子决定去哪里
14
眼中有沙尘，停玩一次
15
看见外星人，到达 18
16
温度太高，躲到 1 + 5
17
后退 3 步
18
外星人刚刚离开，后退 5 步
19
发现外星人，前进 1 步
20
找到了外星人，胜利！
E
学习要点
简单加法的灵活运用

蝌蚪和青蛙

通过测量，你可以知道生活中很多东西的尺寸。观察下面的图，用直尺量一量图中动物从左到右有多长。

量一量它们的长度，看看它们是几厘米或几毫米。

______厘米或______毫米

______厘米或______毫米

学习要点

认识长度单位

毫米、厘米，了解动物常识

______厘米或______毫米

小狗宝宝的体重

小狗宝宝从出生到现在，每个月的体重都在发生变化。

2	4	7	10	12
刚出生时	1个月时	2个月时	3个月时	4个月时

	体重的增长（千克）	列出算式
1个月时，比刚出生时重	2	4-2=2
2个月时，比刚出生时重		
3个月时，比2个月时重		
4个月时，比3个月时重		
4个月时，比2个月时重		
现在比刚出生时重了		

学习要点

认识重量单位，及简单计算

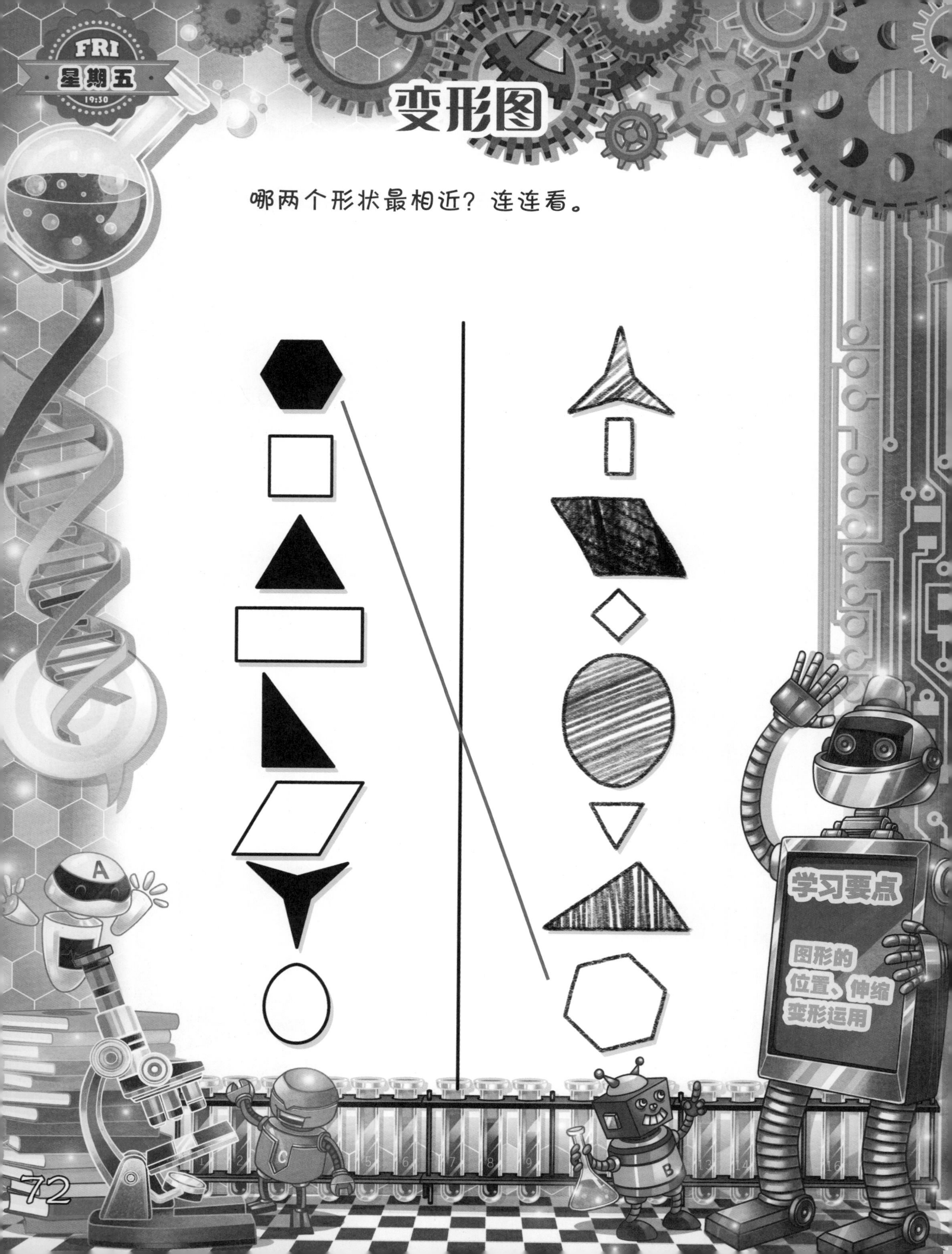
FRI
星期五
19:30
变形图
哪两个形状最相近？连连看。
A
学习要点
图形的位置、伸缩变形运用
C
B

你能分出双胞胎吗？

一年一次的双胞胎聚会吸引了来自各地的双胞胎小伙伴。赶紧连一连，找出每一对双胞胎吧。

学习要点

图形规律

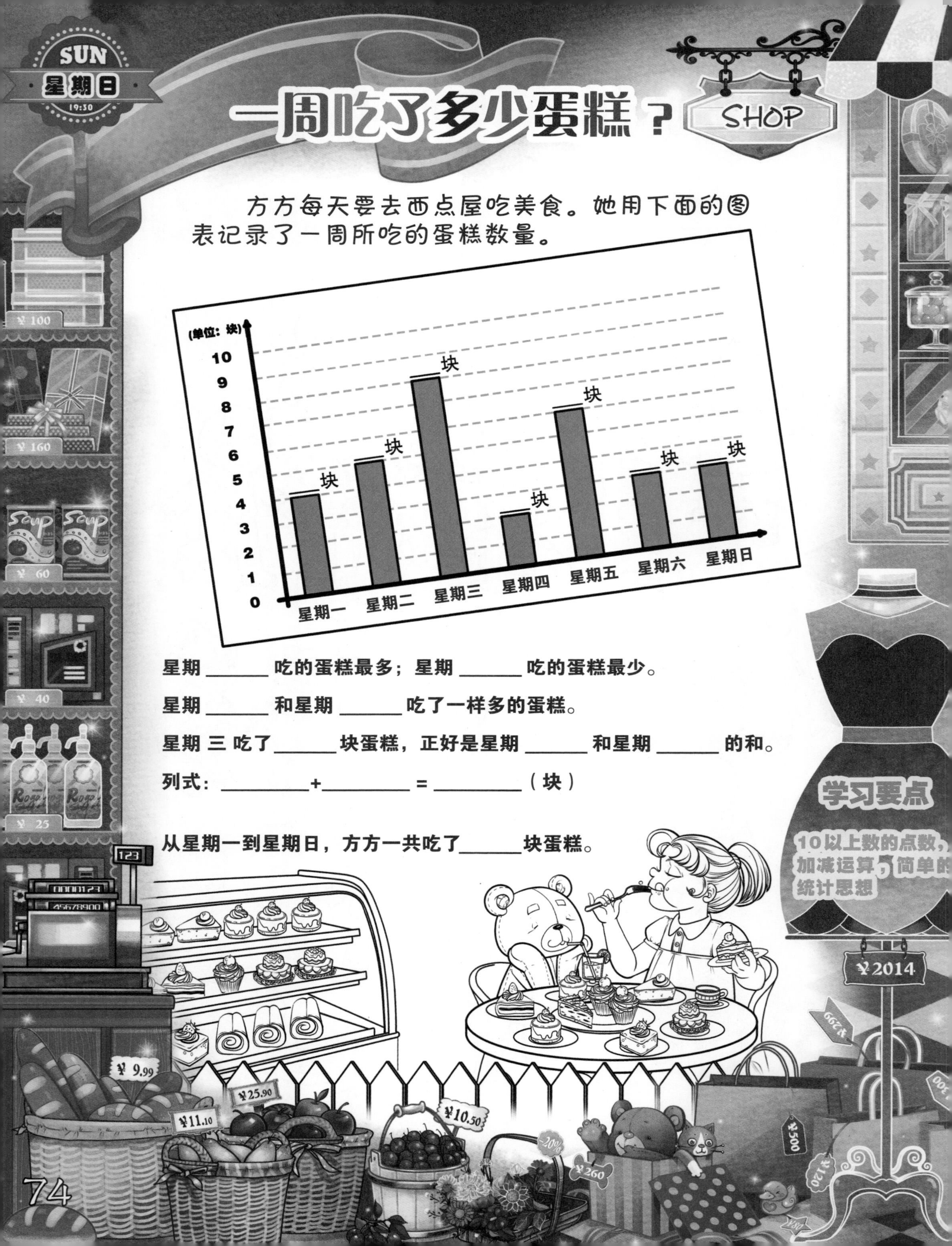

一周吃了多少蛋糕？

方方每天要去西点屋吃美食。她用下面的图表记录了一周所吃的蛋糕数量。

星期 ______ 吃的蛋糕最多；星期 ______ 吃的蛋糕最少。

星期 ______ 和星期 ______ 吃了一样多的蛋糕。

星期 三 吃了______ 块蛋糕，正好是星期 ______ 和星期 ______ 的和。

列式：________+________ = ________（块）

从星期一到星期日，方方一共吃了______块蛋糕。

2 C 游戏 答案

第七周

P 54 东北虎的脚印

	数 量	数量最多的是（打√）	数量最少的是（打√）
	8		
	6		√
	10	√	

从脚印的形状可知，一共有 3 只东北虎。

P 55 数字大爆炸

答案不唯一。

2 + 8 = 10，1 + 9 = 10
4 + 6 = 10，5 + 5 = 10
1 + 8 + 1 = 10，3 + 6 + 1 = 10
4 + 5 + 1 = 10，2 + 3 + 5 = 10
3 + 3 + 4 = 10，2 + 7 + 1 = 10

P 56 动物园聚会

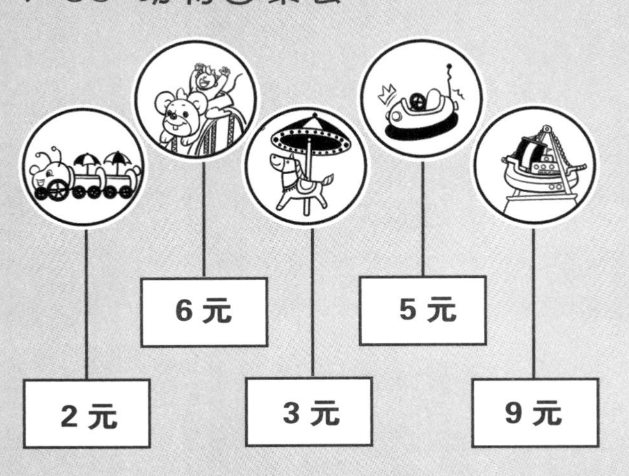

P 57 昆虫单位

1 = 4 毫米 列式：2+2=4

1 = 6 毫米 列式：2+2+2=6

1 = 8 毫米 列式：2+2+2+2=8

1 = 8 毫米 列式：2+2+2+2=8

1 = 10 毫米 列式：2+2+2+2+2=10

P 58 邮票探秘

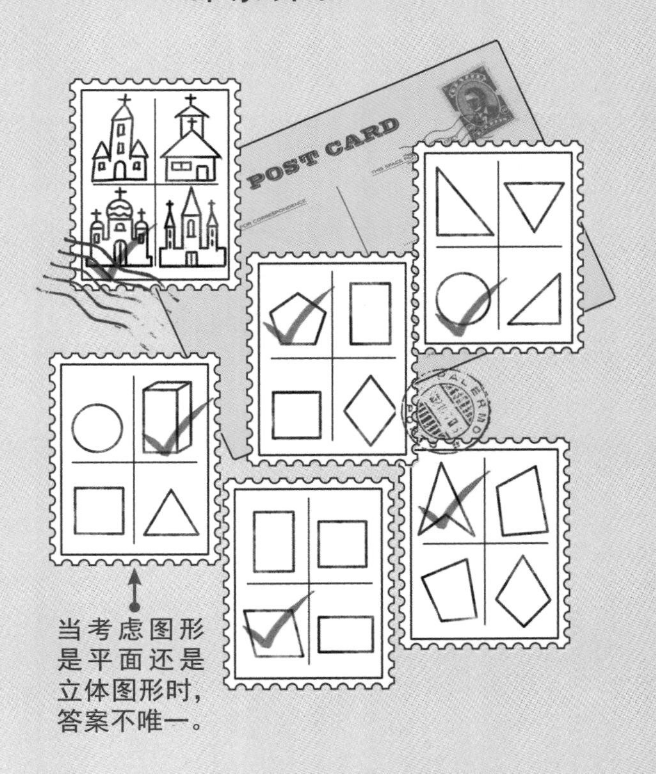

P 59 隐藏的秘密

P 60 自然界的数

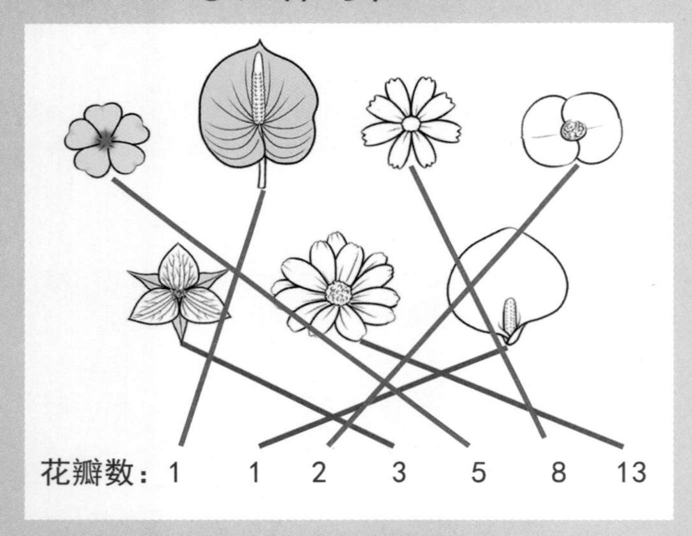

上面一列数的规律：

1+1= 2 ，1+2= 3 ，2+3= 5 ，3+5= 8 ，5+8= 13

从第 3 个数开始，每个数都是前面两个数的 和 。

上面的一列数是斐波那契数列的一部分。斐波那契数列是这样一列数：1, 1, 2, 3, 5, 8, 13, 21…由意大利数学家斐波那契发明。斐波那契数列常出现在某些花朵的花瓣数、松果、凤梨、树叶的排列等自然界的许多地方。

第八周

P 61 一起来做落叶游戏

	数量	数量最多的是（打√）	数量最少的是（打√）
银杏叶	6		
柳树叶	10	√	
杨树叶	5		
枫树叶	3		√
爬山虎叶	4		

把上面的数字从小到大排列：

3 < 4 < 5 < 6 < 10

P 62 平均分一分

一共 8 个人。
需要把蛋糕分成 8 块。
需要切 4 刀（答案不唯一）。

4 刀

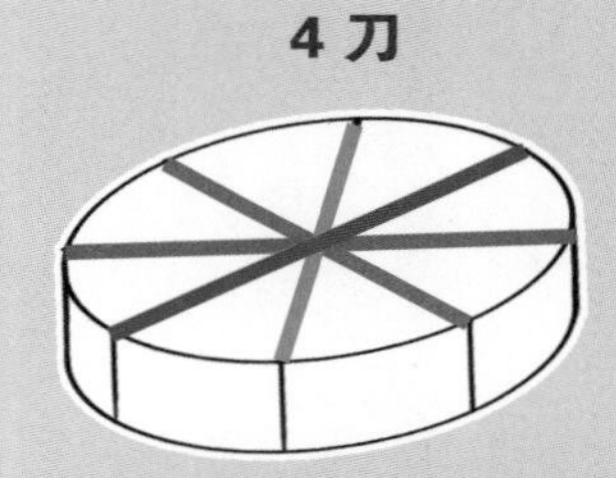

P 63 量量它们的身高

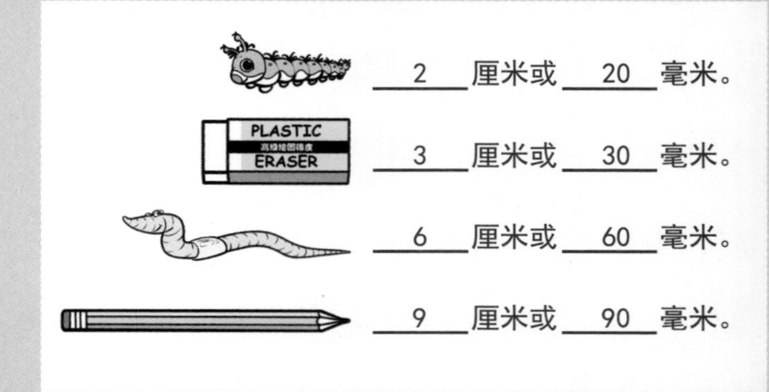

2 厘米或 20 毫米。
3 厘米或 30 毫米。
6 厘米或 60 毫米。
9 厘米或 90 毫米。

P 64 大富翁游戏

我现在有	可以买	列出算式
2 元	2 个公寓	1+1=2
3 元	1 栋别墅	
4 元	1 个公寓、1 栋别墅	1+3=4
5 元	1 个公寓、1 个旅店	1+4=5
6 元	2 个公寓、1 个旅店	1+1+4=6
7 元	3 个公寓、1 个旅店	1+1+1+4=7
8 元	1 栋商业楼	
9 元	1 个公寓、1 栋商业楼	1+8=9
10 元	2 个公寓、1 栋商业楼	1+1+8=10

答案不唯一。

P 65 图形变变变

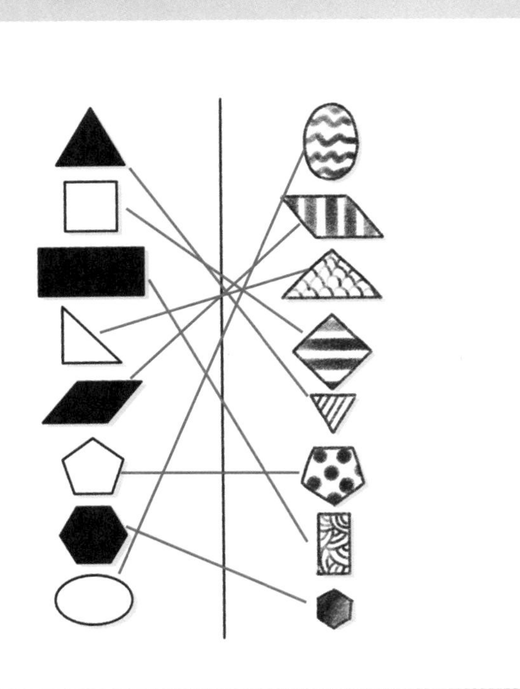

P 66 对称的美

P 67 猴子的逻辑

三张牌上的数字是 2，3，4。

从线索 2 入手，写下所有组合：

~~1，1，7~~ ~~1，2，6~~ ~~1，3，5~~ ~~1，4，4~~

~~2，2，5~~ **2，3，4** ~~3，3，3~~

红笔代表利用线索 1，

绿笔代表利用线索 3，

棕笔代表利用线索 4，

最后利用线索 2，确认答案。

第九周

P 68 动物园里有多少人？

	数量	数量最多的是（打√）	数量最少的是（打√）
男 孩	5	√	
女 孩	2		
爸 爸	3		
妈 妈	4		
导 游	1		√

把上面的数字从大到小排列：

5 > 4 > 3 > 2 > 1

P 69 寻找外星人游戏（略）

P 70 蝌蚪和青蛙

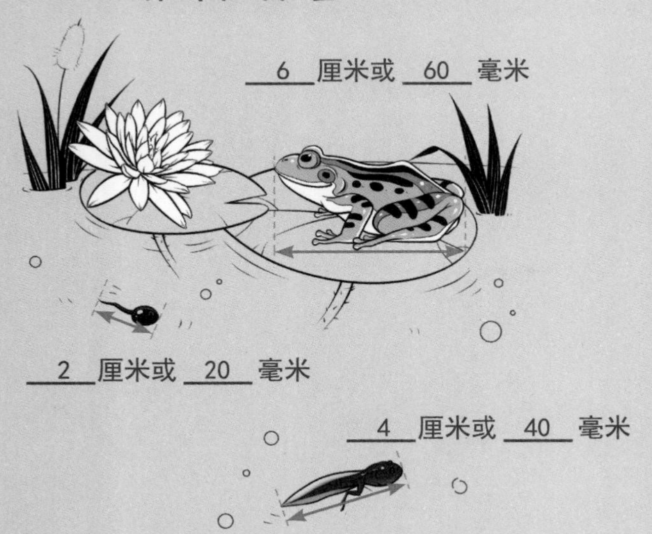

P 72 变形图

P 71 小狗宝宝的体重

	体重的增长（千克）	列出算式
1 个月时，比刚出生时重	2	4−2=2
2 个月时，比刚出生时重	5	7−2=5
3 个月时，比 2 个月时重	3	10−7=3
4 个月时，比 3 个月时重	2	12−10=2
4 个月时，比 2 个月时重	5	12−7=5
现在比刚出生时重了	10	12−2=10

P 73 你能分出双胞胎吗?

P 74 一周吃了多少蛋糕?

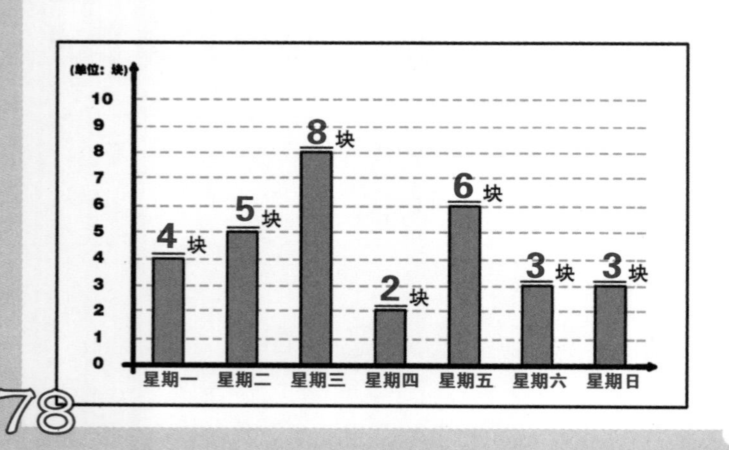

星期 三 吃的蛋糕最多；
星期 四 吃的蛋糕最少。
星期 六 和星期 日 吃了一样多的蛋糕。
星期三吃了 8 块蛋糕，
正好是星期 二 和星期 日（或六） 的和，
列式： 5 + 3 = 8（块）
第二种答案：
星期三吃了 8 块蛋糕，
正好是星期 四 和星期 五 的和，
列式： 2 + 6 = 8（块）

从星期一到星期日，方方一共吃了 31 块蛋糕。

绿色印刷　保护环境　爱护健康

亲爱的读者朋友：

本书已入选“北京市绿色印刷工程—优秀出版物绿色印刷示范项目”。它采用绿色印刷标准印制，在封底印有“绿色印刷产品”标志。

按照国家环境标准（HJ2503-2011）《环境标志产品技术要求 印刷 第一部分：平版印刷》，本书选用环保型纸张、油墨、胶水等原辅材料，生产过程注重节能减排，印刷产品符合人体健康要求。

选择绿色印刷图书，畅享环保健康阅读！

北京市绿色印刷工程